室内装饰装修

材料应用与选购

■ 李军 陈雪杰 孚祥建材 业之峰装饰 主编

人民邮电出版社
北京

图书在版编目（CIP）数据

室内装饰装修材料应用与选购 / 李军，陈雪杰主编
. -- 北京 : 人民邮电出版社，2016.1（2022.5重印）
ISBN 978-7-115-40356-8

Ⅰ. ①室… Ⅱ. ①李… ②陈… Ⅲ. ①室内装饰—装饰材料②室内装修—装修材料 Ⅳ. ①TU56

中国版本图书馆CIP数据核字(2015)第245125号

内容提要

本书系统地讲解室内装饰材料的应用与选购的相关知识，全书共有 6 章，分别对室内装饰材料、水电材料、泥水材料、木工材料、扇灰及油漆桶材料以及其他常见软装饰材料进行图文并茂的讲解。本书有两大特点，一是实用，二是易懂。为了让读者能够更好的掌握书中所讲授的内容，每章后面都附有对应的疑难问题解答。

本书既可作为建筑装饰及室内设计专业学生的教材，也可供广大读者自学使用。

◆ 主　　编　李　军　陈雪杰　孚祥建材　业之峰装饰
责任编辑　刘盛平
执行编辑　刘　佳
责任印制　杨林杰

◆ 人民邮电出版社出版发行　　北京市丰台区成寿寺路 11 号
邮编　100164　　电子邮件　315@ptpress.com.cn
网址　http://www.ptpress.com.cn
固安县铭成印刷有限公司印刷

◆ 开本：787×1092　1/16
印张：10.5　　2016 年 1 月第 1 版
字数：213 千字　　2022 年 5 月河北第 15 次印刷

定价：46.00 元

读者服务热线：(010)81055256　印装质量热线：(010)81055316
反盗版热线：(010)81055315

前言

“纸上得来终觉浅”，室内装饰装修的实践性非常强，为增强本书的可读性和权威性，本书作者特与全国知名的装饰品牌业之峰装饰以及孚祥建材合作，联合为读者奉献一本高质量的装修参考书籍。

本书在编写过程中，本着实用性和易懂性原则，采用大量图解方式，针对装修材料给出了十分详细的讲解，诸如材料的种类、选购、应用和保养。不仅如此，装修中涉及的其他问题，如装修风格、装修方式、装修污染的检测与治理、装修预算等内容，本书也有涉猎。可以说本书将专业性较强的装修知识融会贯通，令读者轻松了解装修重点，再由重点举一反三，覆盖装修全局和细节。

本书主要针对本科、高职、中职院校的学生，也同样适用于装修业主和室内装饰从业人员。全书内容科学，表述严谨，并充分结合当今装修市场的实际状况，理论与实践相结合，使读者尽快对装修材料的相关内容有更细致的了解。本书的编写内容力求做到资料翔实，科学严谨，适用面广。本书在编写过程中，参考并引用了已公开发表的文献资料和相关书籍的部分内容，并得到了许多专家和朋友的帮助和支持，对此表示衷心感谢。

编　者

2015 年 8 月

目录

第 4 章 木工材料 …………………… 92

第 1 章

室内装饰材料概述

在一个装修项目的全过程中，设计虽然很重要，但施工过程中装饰材料的质量和环保性更是决定了装修质量的品质。尤其目前装修大多采用暗装的形式，装修材料一旦出现问题，维修将会很棘手。因此，无论是业主还是室内装修行业的专业人士，都十分有必要去了解装饰材料的性质、应用及选购。

学习装饰材料，要掌握的不是理论上的各种实验数据，而是这些材料有哪些种类，有哪些优缺点，针对这些材料的特点该如何去应用以及如何去选购，只有这样才能避免“纸上谈兵”。

1.1 室内装饰材料的特点

1.1.1 装饰材料的特征及功能

在装修中，装饰材料具有美化和优化空间，保护和改善使用功能的作用。比如地面装饰不仅美化了地面，而且保护了楼板及地坪，保障其必要的硬度、强度、耐腐蚀、防潮等基本使用功能；墙面装饰保护了墙体及墙体内铺设的电线、水线等隐蔽工程，保障室内环境舒适美观，特殊空间需要保障室内隔音、防水、防火等功能；顶面装饰不仅满足了墙面装饰的美观性，还具有一定的耐脏、轻质等功能。

1.1.2 装饰材料的现状及趋势

在装饰材料的用材方面，越来越多的装饰材料采用高强度纤维或聚合物与普通材料进行复合，这也是提高装饰材料强度的同时降低其重量的最佳方法。近些年常用的铝合金型材、镁铝合金铝扣板、人造石、防火板等产品即是其中的典型代表。同时，装饰材料还在向大规格的方向发展，如陶瓷墙地砖，过去的宽度往往较小，现在则多采用600mm×600mm、800mm×800mm，甚至1000mm×1000mm规格的墙、地砖。

此外，由于现场施工的局限性，很多产品开始进入工业化生产的阶段，比如橱柜、衣柜、背景墙、玻璃隔断墙和各类门窗等产品，目前很多都是采用厂家定制生产的方式。相对来说，厂家生产出来的产品在精度和质量上更有保障。

学习装饰材料，就必须把握它未来的发展趋势。环保化、成品化、定制化、智能化是装饰材料发展的方向，而且装饰材料在不断地更新换代，只有不间断地进行学习，才能跟上装饰材料的发展步伐。“工欲善其事，必先利其器”，掌握好装饰材料知识就等于掌握了一把能够帮助设计师做出完美设计的利器。

1.1.3 装饰材料的主要种类

室内装饰材料种类繁多。按材质分类有石材、木材、陶瓷、玻璃、金属、塑料、无机矿物、涂料、纺织品等种类；按功能分类有吸声、隔热、防水、防潮、防火、防霉、耐酸碱等种类；按装饰部位分类则有墙面装饰材料、顶棚装饰材料、地面装饰材料、内墙装饰材料和外墙装饰材料。

按照装修行业的习惯，装饰材料大致上可分为主材和辅料两大类。主材通常指的是那些装修中大面积使用的材料，如木地板、墙地砖、背景墙、石材、墙纸和整体橱柜、洁具卫浴设备等，很多时候这些材料由业主自购。辅料可以理解为除了主材外的所有其他材料。

辅料范围很广，包括水泥、沙子、板材等大众材料，其他的如腻子粉、白水泥、胶黏剂、石膏粉、铁钉螺丝、气钉等小件材料也均可视为辅料，甚至水电改造工程中使用的水管以及各类管件、电线、线管、暗盒等也可视为辅料。这些辅料大多由装饰公司提供。装修中常用到的装饰材料可分为水电材料、泥水材料、木工材料、扇灰及油漆相关材料和其他软装饰材料几大类。具体材料分类如表 1-1 所示。

表 1-1　主要装饰材料

施工材料	主要种类
水电材料	电线、电线套管、底盒、开关插座、漏电保护器、照明光源、灯具、PPR给水管、铝塑复合管、UPVC排水管、卫浴洁具等
泥水材料	水泥、沙、砖、钉子、胶凝材料、仿古砖、玻化砖、釉面砖、微晶石、瓷砖背景墙、天然石材、人造石材、踢脚线等
木工材料	石膏板、铝扣板、木龙骨、轻钢龙骨、钢化玻璃、热熔玻璃、夹板、饰面板、门锁门吸、合页、石膏线条、木线条、实木地板、复合地板、纯毛地毯、化纤地毯、塑钢门窗、铝合金门窗等
扇灰及油漆材料	乳胶漆、硅藻泥、墙纸墙布、清漆、调和漆等
其他软装饰材料	窗帘、地毯、装饰画、装饰品、植物等

除上述所列举的材料种类外，还有各类家电、家具等，这些虽然都不属于装饰材料的范畴，但它们都是完整的室内设计必不可少的组成部分。

1.2　装修前期的准备工作

1.2.1　装修风格的确定

装修的设计风格有很多，按照学院派的分法至少都有十几种。目前国内常见的有：现代主义风格、自然主义风格、欧式风格、美式田园风格、东南亚风格、后现代风格、中式风格、和式风格等，如图 1-1 ~图 1-5 所示。装修风格的确定不仅让设计师更容易把握设计的立足点，同时也让客户更容易表达自己所需的装修效果。

图 1-1　东南亚风格（业之峰装饰提供）

装饰风格可以任意选定，但有一点很重要，就是在设计中必须追求和谐统一，不管采用哪种装修风格都必须在设计上统一协调，最忌讳的是，在一本书上看到某个背景墙很漂亮，用在自己的设计上，之后又看到另外一本杂志上的某处设计很新颖，又用在自己的设计上。这样拼凑的结果就是导致自己的设计成为一个“四不像”。设计上可以借鉴，但一定需要考虑整体的统一性。但风格、主义也不是绝对的，其实各个风格完全可以混合搭配在一起，一定要具体给定某个风格反而不能概括全面。例如，中式风格并非必须全部采用中式元素的材料和做法，它也可以和其他风格混合在一起，在设计中采用一些现代感很强的装饰玻璃、金属或其他饰面等各种现代元素的材料。

图 1-2　中式风格（孚祥瓷砖背景墙提供）

图 1-3　简欧式风格（业之峰装饰提供）

图 1-4　巴洛克风格（业之峰装饰提供）

图 1-5　简约现代风格（孚祥瓷砖背景墙提供）

1.2.2　设计方案的审查

装修设计要以方案设计的形式，形成一整套的设计文件，主要包括施工图和效果图两大类，此外，还有预算和合同以及装修使用的材料、工艺等。

对于对装修不是很熟悉的业主而言，看效果图是让他们清楚装饰效果最直观的方式，也是装饰公司打动业主的最佳方式。而对于施工队而言，施工图则是施工时最重要的参照物。

（1）效果图

效果图分为手绘效果图和电脑效果图两种，如图 1-6 和图 1-7 所示。

电脑效果图的最大优点就是真实，电脑效果图制作高手能够非常写实地再现装修效果。看这样的电脑效果图，业主就能够对自己的空间装修完成后的真实效果一目了然。但电脑效果图的问题是即时性较差，再厉害的电脑效果图制作高手也不能在短短的几分钟、十几分钟内完成制作。而且，电脑效果图不方便修改，一旦需要修改又需要花费大量时间，时效性比较差。

时效性这点又恰恰是手绘的优势。手绘如果不被业主认可或者需要修改，可以马上再画一张，甚至可以在原图上直接修改。

图 1-6　电脑效果图（孚祥背景墙提供）

手绘效果图的优点是可以快速表现。当设计师进行设计时，随手勾画的草图对于设计的构思和创作有极大的帮助，同时在与业主交流出现障碍时，也可以通过快速勾画，让业主对于自己的设计有一个相对直观的认识，这也是很多装饰公司强调手绘的原因。手绘的精髓就在于一个“快”字，如若画一幅手绘效果图耗时四五个小时，那么再精细再漂亮也失去了意义，因为一张写实的电脑效果图也不过只需要几个小时，况且手绘画再精细也比不过电脑效果图。

图 1-7　手绘效果图

（2）施工图

施工图是数量最多的一种图纸，也是施工时最直接的参照图纸。效果图只是反映施工完成后的效果，而在施工时则必须按照施工图来进行。施工图主要由平面图、立面图、节点大样图等图纸构成。因为施工图是施工的参照图纸，因而在严谨性上要强于效果图。不管是手绘效果图还是电脑效果图，在制作时很多尺寸都是采用大致的估算，其实并不精确，但在绘制施工图时必须非常精确，不能出现丝毫差错。施工图出错会给施工带来很大的麻烦，甚至直接导致施工重做。

对方案设计的审查，可以最后确定装修的用材、施工方法及达到的标准。因此，装修方案设计重点审查以下内容。

① 施工图纸的审查。审查图纸时，除审核平面布置图是否合理外，还应重点审核施工图，考察其设计尺寸及做法是否合理。立面图是否符合空间设计的要求，整体风格是否统一；详图设计是否规范并符合空间的要求等。

② 材料及施工工艺说明的审查。这是方案设计能否落到实处的关键，也是审查的主要内容。应就各装饰部位的用材用料的规格、型号、品牌、材质、质量标准等进行审核。对各装饰面的装修做法、构造、紧固方式等是否符合国家有关的施工规范进行逐一审查。

③ 工程造价的审查。这也是甲乙双方关注的重点，应该对每项子项目的数量、单价、人工费用等进行核对，以保证造价的合理、科学。

1.2.3　市场上主要装修方式及其优劣势分析

目前常用的装修方式主要有包清工、半包、包工包料和套餐四种。这四种装修方式各有利弊。

（1）包清工

包清工又叫清包，指的是业主自己选购所有材料，找装饰公司或者装修工程队进行施工，只支付对方工钱的装修方式。业主选择清包一方面是由于资金有限，另一方面是因为对装修公司不信任，所以装修全过程亲力亲为。

包清工对普通业主来说是一大挑战，一旦选择清包的装修方式就意味着业主必须花大量的时间和精力在装修上。因为一个完整的装修涉及的材料种类非常多。包清工需要花大量的时间逛市场、了解行情、选材，还要搬运材料，如果材料不按时到位，容易延误工期。不仅要自己购买材料，还要监督工人施工，期间对人精力的损耗不言而喻。

从理论上讲，清包可以省钱，又能自己完全掌控材料质量。但是从实际情况看，多数业主在完全不懂材料和施工的情况下，花费了大量的时间和精力，不仅没有省钱，而且还在购买材料过程中，买到一些假冒伪劣或者不合用的产品。此外，如果装修质量出现问题，装修公司很可能会将原因全部归咎于材料，责权也不容易界定。所以，如果业主对于材料和施工不了解，不推荐采用该种方式。但是如果有足够的精力和时间，对建材、装饰这一行业非常了解，熟悉材料的质量、性能和价格，擅长砍价的话可以考虑用此方式。

（2）半包

半包是介于清包和全包之间的一种方式，也是目前市场上采用最多的一种装修方式。半包是指业主只购买价值较高的主材，如瓷砖、背景墙、木地板、壁纸、洁具等；而将种类繁杂价值较低的辅料，如水泥、沙、钉、胶黏剂等交给装修公司提供。

半包的方式，主料由业主自己采购能控制装修的主要费用，辅料种类繁多，不易搞清楚，由装修公司负责可以省心很多。这样业主能够在一定程度上参与装修，同时又不用在装修上浪费太多的时间和精力，所以成为目前市场上主流的装修方式。

（3）包工包料

包工包料指的是装修公司将施工和材料购买全部承办，业主只需要购买一些家具、家电等产品即可入住。精装修宣传的“拎包入住”即是指的这种方式。采用这种装修方式对于业主而言是最省事的，但能不能省心就需要看装修公司的负责程度了。因为国内装修市场混乱，出现很多装修问题和事故，即使是最知名的房地产品牌提供的精装修，也被曝光出现质量问题，所以，目前国内采用这种包工包料的方式并不多。

包工包料装修方式的优点是可以帮业主节省大量的时间和精力，如果业主没有足够的时间和精力来装修，对装饰材料不太了解，对所选装饰公司很信任，而家里的装饰工程也很复杂，需要购买的装饰材料很多，可以选择这种装修方式。采用包工包料的方式最重要的是找到一家有良好信誉的装修公司，相对而言，品牌装饰公司在这方面会做得更好。尤其随着装修行业“触网”，做O2O（线上到线下）模式，不少线上品牌提供了从设计到材料选购到装修施工到监理验收全环节的服务，这无疑将是装饰行业的一项重大变革，将从根本上改变装饰行业的现状。就目前行业发展情况看，线上品牌更多还是在炒作中，离真正成熟还需要一段很长时间的积累。

（4）套餐

套餐装修就是把材料部分即墙砖、地砖、地板、橱柜、洁具、门及门套、窗套、墙漆、吊顶、辅料及施工全部涵盖在一起报价。套餐装修的计算方式是用建筑面积乘以套餐价格，得到的数据就是装修全款。以建筑面积 $100m^2$ 的户型装修报价为参考，假设套餐价格为 399 元 $/m^2$，套餐费用：

装修费用 = 建筑面积 × 套餐价格 = 最后装修费用（含所有的主材）

即：装修费用 $=100m^2\times399$ 元 $/m^2$=39900 元（含所有的主材）

装饰公司采用套餐的初衷是所有品牌主材直接从各大厂家采购，由于采购量非常大，又减少了中间流通环节，拿到的价格也全部是底价，把实惠让给消费者。但是实际上套餐是种很复杂，争议很大的方式。一方面套餐在个性化上有着先天的欠缺，可以选择的品种和款式很少；另一方面有些装饰公司以很低的套餐价格吸引客户，但是在装修工程中不断增加款项，造成很多纠纷。

目前，随着国内装饰 O2O（线上到线下）模式的发展，这种套餐问题得到了很大改善。所谓 O2O（线上到线下）模式就是在线上下单，由线上装饰品牌统一配送材料，线下完成施工，各个品牌的线上商城承接业务，线下加盟商承接施工，在价格和监控上比传统的套餐模式有了很大的改进，增加了评价和监控体系，性价比很高。目前，O2O（线上到线下）模式做得比较好的品牌有东家西舍、家装 e 站、致和等。

1.2.4 装修预算常见问题、注意事项及预算控制要点

一般而言，装修费用主要由装修公司收费（包括材料费、人工费、设计费、管理费、利润）和业主自购费用（包括材料、家具、家电和饰品）两大部分构成。

1. 装修预算的构成

（1）材料费、人工费

材料费、人工费是装修公司收费的大头，占装修公司总收费的 60% ~ 80%。目前装饰行业的人工费越来越高，人工费往往成了收费的大头，这在一些中低档装修中尤为常见。

（2）设计费

很多家装公司都号称提供免费设计，这其实是个很不好的行业现象。当设计师的设计变成免费的时候，那设计师也自然会更多地依靠回扣等非正常手段来获取自己的利益。这其实也间接损害了业主的利益，天下毕竟没有免费的午餐。此外，虽然装饰公司会给设计师底薪和提成，但是免费的口号还是会伤害到设计本身。因为免费，很多设计师也只是在网上下载图或者只是简单拼凑了事。设计师本质成了一个业务员，功夫更多体现在嘴皮子上。因此，设计师对设计原创和材料、施工工艺的掌握不够成为行业的通病。这些不能不说是免费设计带来的弊病。但目前国内大多装饰公司都是这样操作的，这种情况只能期待

在装饰行业继续发展完善时解决。

（3）管理费

管理费一般情况都是按工程直接费的比例收取，通常比例是3% ～ 5%。从工地管理的角度来说，不同的管理者成本是不一样的，一个工地的管理由一名专业工程师负责和由一名民工包工头承担，管理费用是不同的。实际上一个好的工地管理虽然管理费比较高，但是在施工过程中保证了质量，节约了材料，总体来讲可以为消费者节约成本。此外，还有材料搬运费和垃圾清运费，占工程直接费的3% ～ 4%。

（4）装修公司利润

各个公司利润都不一样，但通常情况下大型品牌装饰公司毛利可以达到30% ～ 40%，甚至还能更高。但装饰公司除去给设计师提成和项目经理的分成，真正能够到手的只有20%左右，这个还要根据各个公司的管理水平而定。相对而言，中小型装饰公司总利润在20% ～ 30%，装修队则更少。这里要给业主一个忠告，一般的压价可以，但起码要给公司留下20%左右的利润，如果价格压得过低而导致装饰公司无利可图，那很可能将导致公司采用非正常手段获利，比如装修中途加钱，材料上选购便宜的产品甚至偷工减料等手段。那样业主将防不胜防，得不偿失。就目前来看，性价比较高的装修方式非线上品牌套餐装修模式莫属，材料大多选用厂家直供品牌，服务体系也更为完善，装修质量依赖线上评价体系也能有一定保障。目前国内较为知名的线上品牌有东家西舍、家装e站、致和等。

（5）业主自购家具、家电和饰品

家具、家电及饰品的购买是装修中最花钱的环节，具体需要花多少钱需要业主在装修前根据自己的情况确定。

2. 预算常见问题

（1）材料品名、规格不详

在预算上需要对材料的品牌与型号有明确说明，这样可以有效避免在材料的使用上发生争执。很多业主选择主材自购的方式，不良装饰公司就在辅料上下工夫，或者辅材价格虚高或者辅料为劣质货。辅料在施工完成后往往是看不到的，但是辅料对于装修与主材是同等重要的。试想，如果水电管材等辅料出现问题，主材买得再好又有什么用呢！

（2）漏报项目

漏报项目有时候确实是因为工作人员疏忽造成的。但是部分不良装饰公司也存在故意少报工程项目，先以总价低诱惑业主签下合同，待施工进行到该项目时，以前期出报价单时疏忽漏报为由，要求追加工程款。一般漏报会选择一些不起眼的工程项目，如踢脚线、门槛石、防水等。再以报价单中有“最终结算以实际工程量为准”的规定，理直气壮地要求增加费用。

（3）损耗打高

材料的损耗是客观存在的，要弄清楚哪些地方有损耗，哪些地方不应该有，不该有损耗而出现了损耗就是弄虚作假了。而且损耗也是有一定比值的，如果超过这个数字，就要怀疑其中有水分了。

（4）拆项重复收费

拆项是将一个项目分成几个报价。例如，假定市场上铺地砖价格为 45 元 /m^2，大家都很关注铺砖价格，如果直接报 45 元 /m^2 那就没有吸引力了。铺砖本身是含地面找平的，这时就将铺砖价格定为 35 元 /m^2，再单列一个找平项 20 元 /m^2。表面看铺砖很便宜，但是加上找平项实际却更贵了。这种预算报法实际就是利用业主不懂施工工艺恶意为之。

（5）无中生有

无中生有指的是明明没有的施工项目或收费项目却出现在报价单里。比如木地板、铝扣板、门窗等项目基本上都是由材料商来负责安装的。安装费已经含在材料费里，但是在报价单里却出现了这些项目的安装费，这多出来的安装费就是无中生有的。

（6）数量虚增

业主往往喜欢在装修前对价格进行逐项讲价，但是却很容易忽略施工量的审核。装饰预算或者装修合同上通常都会有"最终结算以实际工程量为准"的字样，所以最终的结算很可能是和业主之前拿到的预算不符。正确的做法是在施工结束后，甲方乙方一起做一次施工项目工程量的统计。

在数量上也有少报工程量以总价诱惑甲方的情况，这个通常是发生在签单之前。例如，铺木地板、扇灰、做柜子等，涉及面积的，就会把数量报得比较少，到结算时就不止这个数。

（7）工艺做法不明确

预算上不仅应有项目名称、材料品种、价格和数量，还应该有关键的工艺做法。预算书中必须加入工艺做法，或对预算中每个项目的工艺做法做详细说明。因为具体施工工艺和工序，直接关系到装修的施工质量和造价。没有工艺做法的预算书，有很多不确定因素，会给今后的施工和验收带来很多后患，更会给少数不正规的装饰公司偷工减料、粗制滥造开了"方便之门"。例如，家装毛坯房的乳胶漆施工正规做法是三遍扇灰再加上一底两面刷乳胶漆。如果只有两遍扇灰、一底一面刷乳胶漆价格肯定就不能一样。这时在预算表中的乳胶漆项内必须注明三遍扇灰、一底两面刷乳胶漆的工艺说明。

3. 装饰预算控制要点

（1）审核设计图纸

一套完整、详细、准确的设计图纸是预算报价的基础，因为报价都是依据图纸中具体的尺寸、材料及工艺等情况而制定的，如果图纸不准确，预算也不准确。另外，一些未在图纸上出现的工程，如线路改造，灯具、洁具的拆安也应在预算表上体现，如图 1-8 所示。

（2）价格的比较方法

有很多消费者在选择装修公司时，只比较预算书上的价格。哪家的报价最低，就让哪家来做。多年来，"马路"装修队给装修业主带来的烦恼不少，很多"马路"装修队利用业主不是专业人士，不懂装修，更不懂价格的情况，打着"低价"的幌子接单，然后在装修

过程中多收费，乱收费。其实预算书上的价格是和材料选择、工艺工序分不开的。单纯比较价格、选择价格最低的装修公司，往往会得不偿失。在核查预算的报价时，一定要把材料的品牌、型号，以及施工工艺工序都考虑在内，才能得出一个较为客观的评价。

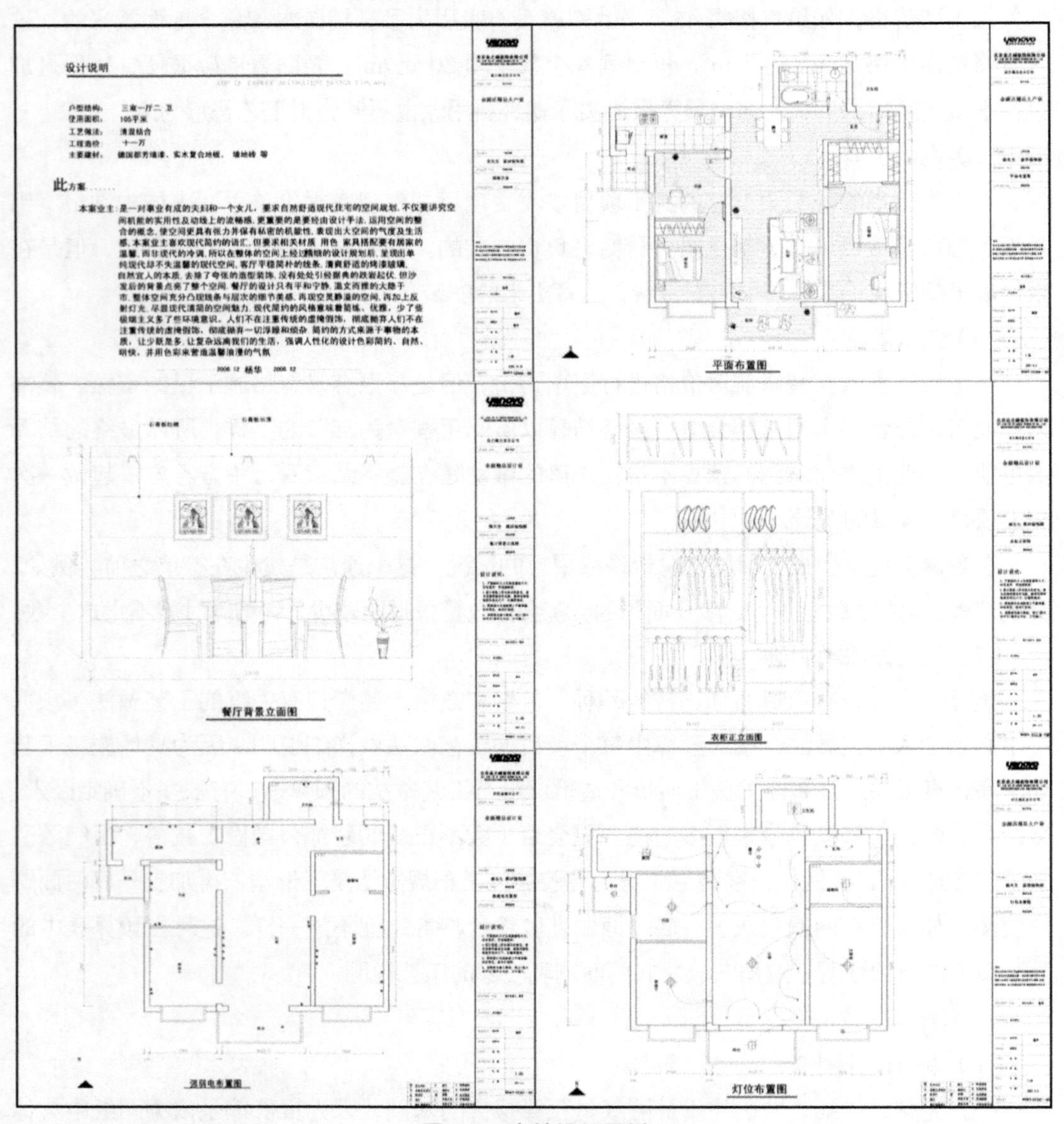

图 1-8　审核设计图纸

此外，网上购物因为性价比高，所以目前国内电商发展空前繁盛，网上购物成为中国民众购物的一种常态模式。近几年，国内传统建材厂家和品牌也纷纷涉足电商行业，但是这些传统建材厂家或品牌，对于新兴的网上销售并不是那么擅长，结果在网上建材产品购物上，出现了大量“劣币驱逐良币”的情况。厂家直销在价格、质量、服务均占优的情况下，卖不赢那些纯粹拿货卖的纯电商。再加上网上虚假宣传泛滥，以新兴的瓷砖背景墙行业为例，笔者一直跟踪这个行业的发展，清楚地知道这个行业从西班牙开发出这种技术，到现在也不到10年，国内最具实力之一的孚祥背景墙涉足电商也不过数年，但是很多网上瓷砖背景墙卖家却宣传有数十年历史，甚至一些商家宣传其产品50年不变色。所以，业主以及设计师在网络购物时，必须特别注意，不要被那些不实宣传和虚假交易误导，要选择国内真正知名品牌和厂家的产品，品质才有保障。

（3）量入而出

很多时候装修会出现大大超出预算的情况，这大多是没有按照事先的预算采购造成的。比如在采购中本来预算买个普通浴缸，但看到一些品牌按摩浴缸有特价，忍不住手痒。多几次这样的情况，支出自然会大大超过预算。

（4）确保预算中没有重大的漏项

做到这点除了事先详细列单计算外，还必须对大多数要采购的材料大体价格进行一个摸底。很多的小物品虽然不起眼，但其实价格不菲，如水龙头，看起来不起眼，但买个好点的起码也要好几百。做好这点除了需要列好清单，还需要事先到建材市场大致摸摸价格。

（5）不要轻易在装修中途更换设计

不少业主在装修中途对当前的设计不满意，临时决定更改。这样一来，不仅不少工程需要拆掉重做，而且更改的费用绝对不是小数目。装修其实是个遗憾的艺术，永远不可能做到十全十美，换了一个设计后说不定又后悔，还是觉得当初那个好，所以在设计确定前要多推敲，确定后不要轻易更改。

（6）付款方式

各地各个公司可能付款方式不同，但通常都是四个付款，即开工预付款、中期进度款、后期进度款以及工程尾款。无论哪种付款方式，有几个要点是必须注意的：一是付款方式必须在合同中体现，这样才能保障双方的利益；第二是进度款一定是在工程验收合格后再支付。

1.2.5 装饰材料用量计算

正常情况下，装修面积与房子的实际面积不一样，即使按照房地产商提供的户型图也会有诸多误差。所以，在装修之前有必要对房子的装修面积进行测量，也就是装修中常说的“量房”。量房通常是预算的第一步，只有经过精确的量房才能进行比较准确的报价，设计师也需要在量房时感受一下将要施工的现场，这对于设计也是很有帮助的。

量房时需要测量的内容大致分为墙面、天棚、地面、门窗等几个部分。

1. 乳胶漆、墙砖、壁纸等墙面材料用量计算

不同的材料，墙面装修面积的计算方法上也不同。例如，乳胶漆、壁纸、软包和装饰玻璃的计算是以长度乘以高度的面积计算，单位为“平方米”。长度、高度是以室内将施工的墙面净长度、净高度计算；踢脚板是以室内墙体的周长计算，单位为“米”。

（1）乳胶漆用量计算

首先应清楚一桶乳胶漆能够刷多少面积。乳胶漆出售通常都是以桶为单位计算的，市场上常见的有5L装和20L装两种，其中又以5L装的最为常见。按照标准的施工程序的要求，底漆的厚度为30μm，刷一遍即可，5L底漆的施工面积一般在70m^{2}左右；面漆的厚度为60～70μm，面漆需要刷两遍，所以5L面漆的施工面积一般在35m^{2}左右。

其次就是涂刷总面积的计算，有两种方法：一种方法是粗略计算，就是可以用室内地面面积乘2.5～3，采用2.5还是3，要看室内的具体情况，如果室内的门、窗户比较多，就取2.5，少的话就取3。这个算法只是适用于一般情况，如多面墙采用大面积落地玻璃的别墅空间就不适用；另一种方法是实量，就是把需要墙面、天花的长宽都实量出来，算出总面积，再扣掉门窗等不需要刷乳胶漆的面积。这个方法很麻烦，但却非常精确。

一个长6m，宽4m，高2.8m的空间，乳胶漆用量计算如下。

墙面面积：(6m+4m)×2.8m×2=56m^2

顶面面积：6m×4m=24m^2

总面积：56m^2+24m^2=80m^2

门窗与不需要刷乳胶漆面积总量为10m^2

则需要刷乳胶漆面积为70m^2

面漆：需刷两遍，一桶可刷35m^{2}的空间面积两遍，则面漆共需两桶

底漆：需刷一遍，一桶可刷70m^{2}的空间面积一遍，则底漆共需一桶

那么这个空间需要的乳胶漆总量为5L装面漆两桶，底漆一桶。

（2）瓷砖用量计算

瓷砖多是按块出售，也有按照面积以平方米出售的。选购瓷砖最好购买同一色批号的整箱瓷砖。购买瓷砖前应精确计算要铺贴的面积和需要的块数，毕竟现在稍好点的瓷砖一块动辄也需要上百元，精确计算可以避免不必要的浪费。现在不少瓷砖专卖店备有换算图表，购买者可根据房间的面积查出所需的瓷砖数量。有的图表甚至只要知道贴瓷砖墙面的高度和宽度即可查出瓷砖用量。同时瓷砖的外包装箱上也标明单箱瓷砖可铺贴的面积。在测算好实际用料后，还要加上一定数量的损耗。损耗需要根据室内空间转角的多少确定，通常将损耗定在总量的5%左右即可。

以长4m，高3m的房间一面铺墙砖为例，采用600mm×600mm规格的地砖，计算方法：（房间长度 ÷ 砖长）×（房间高度 ÷ 砖宽）= 用砖数量。

房间长4m÷砖长0.6m≈7块；房间高3m÷砖宽0.6m≈5块；长7块 × 宽5块 = 用砖总量35块；再加上通常5%左右的损耗约为2块，那么这个房间墙面铺装的数量大致为37块。

还可以采用常用的房间面积除以墙砖面积的方法来算出用砖数量，但在精确度上不如上面这个方法。此外，地砖用量的算法与墙砖一样，可以参照计算。

（3）壁纸用量计算

壁纸的计算通常是以墙面面积除以单卷壁纸能够贴的面积得出具体需要的卷数。一般壁纸的规格为每卷长 10m，宽 0.53m，一卷壁纸满贴面积约为 $5.3m^2$。但实际上墙纸的损耗较多，素色或细碎花的墙纸好些，如果在墙纸的拼贴中要考虑对花，图案越大，损耗越大，因此要比实际用量多买 10% 左右。

（4）防水涂料用量计算

在室内需要做防水的地方主要有卫生间、阳台和厨房。其实楼房在建造过程中是会做一层建筑防水的。目前中国建筑工程防水的对象 90% 以上为混凝土构建物。混凝土一般具有开裂性、裂缝动态性、潮湿性、渗水等特性。因此，单纯依靠混凝土结构自防水是不能杜绝渗漏的，而只能在某种程度上降低渗漏，原因是混凝土的结构缺陷难以消除。所以目前建筑渗漏已经成为当前建筑质量投诉的热点问题。就目前现状看，很多新建房屋在 1 ~ 2 年之后就会出现不同程度的渗漏现象。因此，只依靠建筑防水恐怕并不牢靠，室内再做防水等于是做到了双保险。

防水涂料用量也有一定的计算公式。

卫浴间防水面积（m^2）=（卫生间地面周长 - 门的宽度）× 1.8m（高）+（地面面积）。

当然这个是指将墙面的防水面都做成 1.8m 的高度，通常 1.8m 就够了。如果卫生间隔壁墙面是一个到顶的衣柜，那可以将防水刷到顶，这时只要把高度换一下就可以了。

厨房防水面积（m^2）=（厨房地面周长 - 门的宽度）× 0.3m（高）+（地面面积）+ 洗菜池那面墙的宽 × 1.5m。

购买防水涂料都是按重量计算的，一般而言丙烯酸类，每平方米用量为 3kg；聚氨酯类每平方米用量约为 2kg；聚合物高分子类每平方米用量约为 3kg；柔性水泥灰浆每平方米用量约为 3kg。通常购买的防水涂料包装上也会标注每平方米用量。

2. 石膏板、石膏线等天花材料用量计算

天花面积计算也和材料有关系，不同材料的计算方法会有所不同。

吊顶（包括梁）的装饰材料一般包括涂料、各式吊顶、装饰角线等。涂料、吊顶的面积以顶棚的净面积计算。很多装饰公司会按照造型天花的展开面积进行计算。所谓展开面积就是把造型天花像纸盒一样展开后计算，例如，跌级和圆造型按周长 × 高度 + 平面天花面积计算，这样算出的面积会比较大一些，根据造型的复杂程度，一般多出 10% ~ 40%。

天花装饰角线的计算是按室内墙体的净周长以“米”为单位计算的。

3. 木地板、地砖等地面材料用量计算

地面面积的计算也同样和材料有很大关系，地面常见的装饰材料一般包括木地板、地砖（或石材）、地毯、楼梯踏步及扶手等。

地面面积按地面的净面积以“平方米”为单位计算，门槛石或者窗台石的铺贴，多数是按照实铺面积以“平方米”为单位计算，但也有以“米”或“项”计算的情况。具体计

算方法参照前文瓷砖算法。

楼梯踏步的面积按实际展开面积以“平方米”为单位计算；楼梯扶手和栏杆的长度可按其全部水平投影长度（不包括墙内部分）乘以系数 1.15 以“延长米”为单位计算；其他栏杆及扶手长度直接以“延长米”为单位计算。

木地板用量计算方法：地面瓷砖用量计算和墙面瓷砖的用量计算基本一致，这里就不再重复了。装饰木地板的用量和瓷砖用量计算方法基本一致，主要有两种方法。粗略计算方法为:（房间面积 / 地板面积）× 1.05(损耗)= 使用地板块数；精确计算方法为:（房间长度 ÷ 地板长度）×（房间宽度 ÷ 地板宽度） = 使用地板块数。以长 6m，宽 4m 的房间为例，假设选用的是市场上常见的 900mm × 90mm × 18mm 规格木地板，计算如下。

房间长 6m ÷ 板长 0.9m ≈ 7 块；房间宽 4m ÷ 板宽 0.09m ≈ 45 块。

长 7 块 × 宽 45 块 = 用板总量 315 块；再加上木地板施工时通常有的损耗为 5% ～ 8%，大概是 16 块；那么总共需要木地板 331 块。如果是按照面积购买，只要用总块数乘以单块面积即可。

总之，工程量的结算最终要以实量尺寸为准，以图纸计算难免会有所偏差。面积的计算直接关系到预算成本，是甲乙双方都非常重视的一点，必须尽量做到精确。

1.2.6 装饰材料采购要点及入场顺序

在正式开工前，肯定必须备下装饰材料。不少业主采用自购主材的方式，这种情况负责装修的工长有必要给业主出示一张购买材料的清单，并且注明需要运到现场的时间。

1. 装饰材料采购要点

大多数材料最好选择在大型建材超市或者建材市场一次性集中采购。一般而言，大型建材超市或建材市场距离工地肯定有一段较远的距离，所以在这些地方购买材料需要事先计划好，集中采购，这样既节省时间而且由于集中采购数量大，容易获得优惠。

可以在建材超市购买的话尽量选择优惠促销的时候。一般而言，建材超市在五一、十一等节假日都会大幅打折进行促销，这时候购买无疑是最划算的。没有碰上这些优惠也不是没有办法，有些人会在建材超市看好需要购买材料的品牌、类型和价格，然后再到建材市场购买，这也是个不错的办法。施工过程中如果需要补充材料，比如钉子、胶水等等，可以选择在路边小店购买，以便节省路上奔波的时间。

目前网购盛行，网上购物也是一种性价比极高的购物方式。选择网购的话，最好货比三家，选择那些知名的品牌和厂家产品，本书也会介绍一些各种建材产品的知名品牌，以供参考。

2. 装饰材料入场时间及顺序

装饰材料的订购与施工关系紧密，有时定购材料过迟或送货时间不恰当，因材料供应不及时导致停工；有时材料来了可暂时用不了或无处存放影响施工。装修材料最好是根据施工进度提前订购，因为很多材料并不是现买现有的。提前订购可以避免因为材料不到位耽误工期。有些装修队伍都是第二天需要用到哪种建材了，只提前一天告诉业主，这时候怎么想办法购买都来不及了。尤其是对那些采用包清工方式的业主，需要购买的材料非常多，所以在装修前最好就确定好需要购买的材料数量和入场时间顺序表，以免到时候因为材料不到位影响施工进度。

装修的基本流程：开工前材料进场→主体拆改→定做物品的设计和测量→水电改造→防水闭水试验→各种隐蔽工程→铺瓷砖→木工作业→墙面乳胶漆→油饰工程→厨卫吊顶→木门、橱柜等安装→木地板工程→壁纸工程→各种安装→保洁→家具、电器、配饰入场（以上流程在实际施工过程中可能会有些变动）。

材料入场时间顺序安排见表 1-2。

表 1-2　材料入场时间顺序安排

建议订购时间	项目	备注
开工前	防盗门	最好一开工就安装防盗门，防盗门的定做周期为一周左右
	水泥、沙、腻子等	一开工就要能运到工地，不需要提前预定
	白乳胶、原子灰、砂子等	一开工就要能运到工地，不需要提前预定
墙体改造完成后	橱柜、浴室柜	墙体改造完毕就需要商家上门测量，确定设计方案，其方案会影响到水电改造工程
	散热器和地暖系统	墙体改造完毕就需要商家上门改造供暖系统。散热器可以与水管同时订购，以便水工确认接口的型号尺寸，贴好瓷砖后再安装即可。安装地暖的业主，在水电改造完毕后，即可进行地暖施工，要注意保留地暖管在地下的走向位置图
	水槽、面盆	橱柜设计前需要确定，其型号和安装位置会影响到水路改造方案和橱柜设计方案
	烟机、灶具、小厨宝	橱柜设计前需要确定，其型号和安装位置会影响到水路改造方案和橱柜设计方案
	室内门	墙体改造完毕需要商家上门测量，现场制作的门则不需要
	塑钢门窗	墙体改造完毕就需要商家上门测量
水电改造前	水路改造相关材料	墙体改造完毕就需要工人开始工作，这之前要确定施工方案，确保材料到场
	排风扇、浴霸	其型号和安装位置会影响到电路改造方案。在水电安装之前购买，以便厂商安排上门勘测以配合水管铺设。由于涉及水管和电线排布，所以在水电施工时安装比较好
	电路改造相关材料	墙体改造完毕就需要工人开始工作，这之前要确定施工方案，确保材料到场

（续表）

建议订购时间	项目	备注
水电改造前	热水器	其型号和安装位置会影响到水电改造方案
	浴缸、淋浴房	其型号和安装位置会影响到水电改造方案，安装则在瓷砖、挡水施工完毕后进行
	水处理系统	其型号和安装位置会影响到水电改造方案和橱柜设计方案
泥工入场前	防水材料	水电改造完毕即进行防水工程，防水涂料不需要预定
	瓷砖、勾缝剂	水电改造完毕即铺瓷砖，瓷砖有时需预定
	石材	窗台、地面、门槛石、踢脚线等可能用到石材，需要提前3～4天确定尺寸并预定
	背景墙	背景墙是室内装饰最重要的区域，目前大多采用个性定制的做法。有些背景材料如玻璃等材料需要提前1周预定，如果个性定制背景墙的话，可能时间要更长。比如目前流行的瓷砖背景墙产品，如果是需要根据业主背景墙尺寸定制，以国内最具实力的孚祥背景墙为例，定制最少需要3天，工艺复杂的背景墙甚至需要10天以上。再考虑到线上购买后的物流时间，一般个性定制背景墙产品需预留15天左右比较合适
	地漏	不需要预定，铺瓷砖时同时安装
泥工开始	吊顶材料	泥工铺贴完瓷砖3天左右就可以吊顶，吊顶一般需要提前3～4天确定尺寸预定
木工进场前	龙骨、石膏板、铝扣板	铝扣板需要提前3～4天确定尺寸并预定，其余不必预定，一般在水电管线铺设完毕购买即可
	大芯板、夹板、饰面板	木工进场前购买，不需要预定
	衣帽间	一般基本装修完成后安装，但需要1～2周生产周期
	电视背景材料	有些背景材料如玻璃等材料需要提前1周预定
	门锁、门吸、合页	不需要预定，房门安装到位后可订购门锁。建议和成品门同时订购
较脏工程完成后	木地板	水电、墙面施工结束后，可以开始木地板安装。提前1周定货，如果商家负责安装，需要提前2～3天预约安装
	乳胶漆、油漆	墙体基层处理完毕就可以刷乳胶漆，不需要预定
	壁纸	地板安装完毕后可以贴壁纸，进口壁纸需要20天左右订货，如果商家负责铺装，铺装前2～3天预定
	玻璃胶、胶枪	不需要预定
开始全面安装前	水龙头、厨卫五金件	一般不需要定做，但挂墙龙头需要提前定位，与水管工程同步。其余龙头可以在装修工程后期购买，与洁具安装同步

（续表）

建议订购时间	项目	备注
开始全面安装前	镜子等	如果定做，需要4～5天的制作周期。镜子一般是在保洁前安装好。需要注意的是，镜灯的具体位置需在水电施工前预留（镜灯有些设计需要镜子遮挡）
	马桶等洁具	不需要预定洁具，可以稍微晚一点进行安装，避免损坏
	灯具	非定做灯具均不需要预定
	开关面板	不需要预定。开关数量不需过早确定，容易产生较大误差。一般建议墙面油漆结束后，电工准备安装开关和灯具前提前几天订购即可

需要注意的是，考虑到目前国内网购盛行，相比于实体采购，网购确实具备性价比高的特点。如果采用网上购买的形式，还需要根据业主所在地域远近预留 5 ～ 10 天的物流时间。装饰材料除了部分小件外，大多产品，比如瓷砖、木地板等都是采用物流的方式发货，也就是说不能送货上门，只能送到当地的物流点，需要业主自己去提货。

装修时可以根据自己的需要对材料入场时间顺序表进行相应调整，材料数量需要对房子进行精确实量后才能确定。业主如果对于某些材料的数量不是很清楚如何计算，比如电线的数量、水管的数量等，可以询问施工的师傅或者直接让师傅开单自己再去采购。

1.2.7 装饰污染的检测与治理办法

人类绝大多数时间是在室内度过，而室内空气污染物的浓度往往比室外污染物浓度高很多。目前各界都在强调污染的治理，但主要是针对大气污染，对于室内污染的治理，尤其是室内装修污染的治理仍然不够重视。装修中的污染是业主最头疼的事情，很多因装修污染导致业主家人生病、致癌和引发官司的报道使得人们谈“污染”色变。

1. 装修中的主要污染及其危害

（1）甲醛

甲醛是室内装修的头号污染物。它是一种无色易溶的刺激性气体，具有强烈的气味，是世界卫生组织认定的一类致癌物，并且认为甲醛与白血病发生之间存在着因果关系。吸入过量的甲醛后，会引起慢性呼吸道疾病、过敏性鼻炎、免疫功能下降等问题。此外，甲醛还是鼻癌、咽喉癌、皮肤癌的诱因。甲醛的主要来源有胶合板、细木工板、密度板和刨花板等胶合板材及各类胶黏剂、化纤地毯、油漆涂料等装饰材料。

（2）苯

苯是一种无色、具有特殊芳香气味的液体，较为容易感知。苯可以抑制人体的造血机能，致使白血球、红血球和血小板减少。人吸入过量的苯物质后，轻者可能导致头晕、恶心、乏力等，严重的可导致直接昏迷。过度吸入苯会使肝、肾等器官衰竭，甚至诱发血液病。

苯主要来源于油漆、合成纤维、塑料、燃料、橡胶以及一些合成材料等。

（3）氡

氡是一种天然放射性气体，无色无味。氡能够影响血细胞和神经系统，严重时还会导致肿瘤的发生。氡主要来源于花岗石、大理石等天然石材。

（4）二甲苯

短时间内吸入高浓度的甲苯或二甲苯，会出现中枢神经麻醉的症状，轻者头晕、恶心、胸闷、乏力，严重时会导致昏迷，甚至由此引发呼吸道衰竭而死亡。二甲苯主要来源于油漆、各种涂料的添加剂以及各种胶黏剂、防水材料等。

（5）TVOC

TVOC 叫作总挥发性有机化合物，能引起头晕、头痛、嗜睡、无力、胸闷等症状。TVOC 主要来源于涂料、粘合剂等。

（6）氨气

氨气刺激性强，易溶于水，对眼、喉、上呼吸道作用快。业主长时间接触低浓度氨，可引起喉炎、声音嘶哑、肺水肿等症状。

室内装修污染物的排放与季节和气候也有很大关系。夏季是室内空气污染的高峰期，随着室温的升高，各种建筑材料和家具中的有害气体的释放量也随之增加。例如，甲醛的沸点为 19℃，所以往往天气较冷的秋冬季节感觉气味会比夏季小很多。如果室内温度持续升高到 30℃时，室内有害气体浓度就相当高。相对而言，室内装修污染对于儿童的危害更大，他们比成年人更容易受到室内空气污染的危害。一方面，儿童的抵抗力比不上成年人；另一方面，儿童的身体正在成长发育中，呼吸量按体重比成年人高近 50%。所以，对于有儿童的家庭装修更是要特别关注室内的装修污染。

2. 绿色环保装修

绿色环保装修指的是装修后的室内空气中的有毒有害气体、物质的含量（浓度）达到国家环保标准的装修。不少人有个误区，认为所谓绿色环保装修是指装修后的室内完全无有毒、有害物质，实际上这是根本做不到的。装饰材料或多或少都含有一定的有毒、有害物质，实际上只要这些有毒有害物质的含量不会对人体造成危害即可。例如，国家《居室空气中甲醛的卫生标准》中，对室内空气中甲醛含量的环保标准是 0.08mg/m³，低于这个指标就甲醛含量而言就可以称之为绿色环保装修。因此，只要室内空气中的有毒有害气体、物质低于国家标准，就可以称之为绿色环保装修。民用建筑工程室内污染物浓度国家标准见表 1-3。

表 1-3　民用建筑工程室内污染物浓度国家标准

污染物种类	Ⅰ类民用建筑工程
氡/（Bq/m³）	≤200
游离甲醛/（mg/m³）	≤0.08

（续表）

污染物种类	Ⅰ类民用建筑工程
苯/（mg/m^3）	≤0.09
氨/（mg/m^3）	≤0.2
TVOC/（mg/m^3）	≤0.5

在实施绿色环保装修时，选择适用的环保装饰材料十分重要。环保装饰材料指在生产制造和使用过程中既不会损害人体健康，又不会导致环境污染和生态破坏的健康型、环保型、安全型的室内装饰材料。装修中用量最大的当属各种板材和涂饰材料，装修中如果使用了未达环保标准的大芯板、刨花板、胶合板等合成板材和一些不达标的油漆、涂料，其释放的甲醛等有害物质在短时间内很难挥发干净，一次装修往往会造成几年的污染。因而要做到绿色环保装修，环保材料的选择就显得尤为重要，环保型材料主要有以下两种。

① 基本无毒无害型。装饰材料中有一些是基本上无毒无害的，尤其是一些天然材料，其有毒有害物质基本上可以完全忽略不计，如乳胶漆、石膏、砂石、瓷砖、天然木材、部分天然大理石和花岗石、实木地板等。

② 低毒、低排放型。这些材料都会有一定的污染，但只要能够达到国家规定的环保标准的材料都可以归入此类型中。如有害物质达到国家标准的大芯板、胶合板、密度板等板材以及各种人工复合而成的材料等。这些达到国家环保标准的材料本身仍具有一定的有毒、有害物质，但对于人体已经没有危害，在装修中也可以放心使用。

完成绿色环保装修需要注意如下几点。

① 尽量减少含有有毒有害物质材料的使用，也就是上文中所说的低毒、低排放型材料。以大芯板、胶合板、密度板等人造板材为例，由于这些板材大多采用胶黏加工而成，在室内仍会有一定量的甲醛释放，所以要尽量少使用。实验研究证明：把环保达标的家具、木地板和衣柜放在一个有限的空间内也会造成室内装修污染。因为，虽然购买的是达到环保标准的板材和家具，但因为室内空间是固定的，如果用量过多，室内空间中的有毒有害气体、物质含量同样会超标。反过来，虽然采用了不达标的产品，如果使用量很少，它造成的空间有毒有害气体，例如，甲醛释放到空气中的浓度，只要不超过国家规定的标准值 $0.08mg/m^3$，是不会对人体造成伤害的。因而适当控制那些确定含有有毒有害物质的材料用量，是做到绿色环保装修的一个关键。

需要注意的是，污染物大多集中在板材、油漆中，这些大都属于木工作业材料，现在很多木工作业改为工厂定制，但是这并不代表污染可控，只要制作家具使用的材料还是人工板材和油漆，那污染必然还是会存在。装修时可以尽量减少木质工程，例如，传统的木质背景墙就可以采用瓷砖背景墙或者玻璃背景墙替代，效果更佳，而选购家具时也要注意家具的环保指标。

② 装修完毕不要立即入住。这点很重要，装修完毕起码要空置一到两周的时间，保持通风状态来稀释室内的有害物质。其实最简便有效地减少室内污染的办法之一就是长时间保证室内通风换气，即使是装修后环保达标的室内空间也应经常通风。通风对流时间越长，材料中释放出的有毒、有害物质在室内空气中的浓度就越低。尤其是夏季，高温导致材料的有害物质释放量最高，即使其他季节不超标，到了夏季也很容易超标。但也正是这个季节，室内都因为开空调导致门窗紧闭，通风很差，这样很容易导致室内有毒有害物质含量超标。

③ 室内多摆放一些阔叶植物。其实很多植物本身就有吸入甲醛、苯、一氧化碳等有害物质的功能，摆上一些这样的植物既能美化环境，还能吸取那些有害物质，两全其美。但是，不少业主有一个误区，认为植物能够彻底解决室内污染问题，其实这是不可能的，植物只能是改善而不能根治污染，具体原因在后面会讲解。

④ 注意家具中的有害物质。很多人有个误区，认为装修是造成室内污染的源头，实际上外购的成品家具有时候有毒污染物含量更高，其甲醛含量动辄可以超标数倍甚至数十倍。不光板式家具，商家宣传的环保布艺沙发也同样能够造成室内污染，因为各种布艺家具中经常使用含苯的胶黏剂，也会在室内造成苯污染。所以在家具搬进室内后才进行空气检测，这样很难判断到底是装修污染还是家具污染。最好是在家具进场前先做一次检测，家具进场后再进行一次检测。

⑤ 尽可能将阳光引入室内，发挥阳光杀菌抗霉的作用。尤其是厨房这些极易滋生细菌污垢的空间，适当引入阳光对于环境净化非常有利。

⑥ 控制施工过程中产生的污染。有些材料本身是纯天然的环保材料，但是在施工过程中却会带来污染。例如，天然的棉麻织物壁布，本身是环保的，但是在施工中刷光油、胶贴壁纸的过程中却会产生污染。

3. 装修污染的治理方法

在目前的室内装修中，健康问题越来越引起消费者的重视。很多人已经了解到室内污染的危害，也希望改善生活环境，但往往做了很多努力却达不到期望的效果。这很大程度上是因为在治理方法的认识上仍然存在误区。

（1）民间土法

目前有很多流行于老百姓中的口口相传的土方，方法多样，种类繁多，诸如茶叶、盐、醋、菠萝等各种材料均可用于治理污染。但是客观分析，这些方法类似于早年民间的巫医，跳个舞、念个符就能“包治百病”，偶尔也能治好几个，但是恐怕更多的只是“信则灵”的心理作用而已。

（2）通风治理

采用通风的方法治理污染已经深入人心，很多人在装修完成后都会空置几周时间排放污染。通过加强室内的空气流动性，确实可以稀释室内污染的浓度，达到一定的治理效果。可是很多人不知道的是甲醛的释放期长达 3 ~ 8 年，且 3 年内为高挥发期，单纯依靠短时间的空置也只是治标不治本，随着时间的延长，室内的污染浓度又会慢慢累积。所以，采用通风清除有害气体，必须做好长时间的打算。而且这种方法也只适用于污染较轻，通风条件好，可长时间通风放置的空间。对于污染程度较重、通风条件不好的居室则难以达到治理的效果。

（3）植物治理

有些室内植物比如芦荟、吊兰、虎皮兰不仅能够绿化美化居室环境，还可吸收室内污染物，堪称人类居室"环保卫士"。可是需要注意的是，这些植物吸收的效能是有限的。例如芦荟，能吸收 $1m^3$ 空气中所含的 90% 的甲醛。以一个 $100m^2$ 的居室为例，假设层高是常见的 3m，吸收完全部甲醛需要在空间内立体摆放 300 盆芦荟，这能实现吗？所以采用植物进行治理只是理论上可行，在实际中不具备可操作性。此外，植物是通过光合作用吸收甲醛的，无光时就无此功能。而且如果室内污染浓度过高，植物本身都会被毒死，更别提治理了。我们鼓励在室内多摆放一些既美观又能吸收污染的植物，但是不支持采用植物根治污染的方法。

除了直接采用植物吸收污染物，目前技术还可以从植物中提取出来的纯草本植物清除剂，通过喷洒植物提取液吸收分解污染物，比较而言效果更好，也更为实际。

（4）活性炭

活性炭是一种物理吸附，利用炭对异味、有害气体具有吸附性的原理，吸附空气中的大分子气体悬浮颗粒，从而达到过滤净化空气的目的。活性炭技术很早以前就开始使用，具有稳定、无毒无副作用的优点，而且成本合理，尤其对苯等挥发性有机物的吸附效果很好，不会产生二次污染。

活性炭是具有时效性的，一段时间后，活性炭的吸附饱和度过高，就不再具备吸附作用。这时可以将活性炭放在室外阳光下暴晒，将活性炭中的有毒物质挥发掉，饱和度降低，就可以继续使用。活性炭具有很多优点，但是也存在见效较慢，对甲醛、TVOC 的去除效果较低的问题。根据活性炭的特点，可以将活性炭作为室内空气污染轻微超标的长期治理方法。

（5）空气交换

空气交换是指源源不断地将室内空气与室外空气进行交换，室内污染中的有毒有害空气被不断交换出去，而室外的新鲜空气被不断交换进来，这样就完成了污染的治理。比如新风系统就是采用这个原理进行室内空气污染的治理，将室内污染空气排出室外，将室外的新鲜空气经过过滤装置后输送到室内，使室内在不开窗的情况下，24h 保持空气新鲜，使污染气体不能对室内空气构成污染。

空气交换是室内污染治理的一种比较有效的方法。但是使用空气交换治理污染的实质其实是转移污染，而且这种方法对于室外空气也是有较高的要求，同时设备使用也会产生一定的能耗。就目前情况来看，更多适用于办公空间，家居空间采用较少。

（6）光触媒

光触媒从日本引入，应用较多，是对重度污染治理见效快的一种方法。光触媒其实是

一种纳米级的金属氧化物材料，它涂布于产生污染的基材表面，干燥后形成薄膜，在光线的作用下，产生强烈催化降解功能，能有效地降解排放出的有毒有害气体和杀灭多种细菌，是当前国际上治理室内环境污染的最理想材料。就目前现状看，光触媒技术是最为实用也是最为有效的治理室内装修污染的一种方法。

除了以上方法，臭氧、负离子也都能较为有效地去除污染，市场上有一些空气净化器，就是将负离子、臭氧、活性炭等组合在一起，进行多层过滤，以达到空气污染治理的效果。对于新装修的空间，合理的做法是请专门的空气检测与治理机构或者公司，先对室内污染的浓度进行测试，再采用光触媒技术结合其他相关技术进行综合治理。在日常使用时，则多配置一些植物，尽量保持室内通风，以达到最好的环境效果。

1.2.8　智能家居的实现

现在，不少家装公司主张为业主打造智能家居系统，让生活更舒适。“智能家居”听起来很美好，但消费者对其认识却很少。

1. 智能家居概念

智能家居是人们的一种居住环境，以住宅为平台，利用综合布线技术、网络通信技术、安全防范技术、自动控制技术、音视频技术将家居生活有关的设施集成，构建高效的住宅设施与家庭日程事务的管理系统，提升家居安全性、便利性、舒适性、艺术性，并实现环保节能的居住环境。

家居智能化技术起源于美国，智能家居不再是一幢被动的建筑，相反，成了帮助主人尽量利用时间的工具，使家庭更为舒适、安全、高效和节能。智能家居，或称智能住宅，在英文中为Smart Home。智能家居可以定义为一个过程或者一个系统。它综合运用互联网、物联网、计算机、多媒体等技术，对家庭中的设备、居民生活及家居环境等进行综合管理。与普通家居相比，智能家居不仅具有传统的居住功能，提供舒适安全、高品位且宜人的家庭生活空间，而且还能优化人们的生活方式，帮助人们有效安排时间，增强家居生活的安全性，甚至为各种能源费用节约资金。智能家居各项技术已经十分成熟，消费者可以根据自身需求来选择和定制，但投入成本不菲。一套系统的造价从数万到上百万不等。但是如果只选择安防和智能两大基本简易型配置，其价格不到一万元。

采用智能家居系统，当您回到家中，随着门锁被开启，家中的安防系统自动解除室内警戒，廊灯缓缓点亮，空调、新风系统自动启动，最喜欢的背景交响乐轻轻奏起。在家中，只需一个遥控器就能控制家中所有的电器。每天晚上，所有的窗帘都会定时自动关闭，入睡前，床头边的面板上，触动“晚安”模式，就可以控制室内所有需要关闭的灯光和电器设备，同时安防系统自动开启处于警戒状态。在外出之前只要按一个键就可以关闭家中所有的灯和电器。在炎热的夏天，可以在下班前在办公室通过电脑打开空调，回到家里便能享受清凉；在寒冷的冬季，则可以享受到融融温暖，回家前启动电饭煲，一到家就可以吃上香喷喷的米饭。如果不方便使用电脑，打个电话回家一样可以控制家电。在办公室或在出差时打开电脑上网，家中的安全设备和家用电器立即呈现在你的面前……。这一切都是智能家居控制系统能做的事情。

2. 智能家居系统的常用功能

网络化的智能家居系统可以为您提供家电控制、照明控制、窗帘控制、电话远程控制、室内外遥控、防盗报警以及可编程定时控制等多种功能和手段，使生活更加舒适、便利和安全。

智能家居控制系统几个常用功能如下。

（1）安防系统

安防是智能家居的一项主要功能，也是居民对智能家居的首要要求。这项功能还可以细化为报警和监控录像。

防盗报警可通过智能家居控制器接入各种红外探头、门磁开关，并根据需要随时布防撤防，相当于安装了无形的电子防盗网。当家中无人时，家庭智能终端处于布防状态时，若有人从外部试图进入屋内，红外探头探测到家中有人走动就会触发报警装置，发出报警声并通过家中内置电话卡拨打设置好的业主手机和物业保安中心。业主接到电话后，还可以通过网络远程打开监控录像，通过摄像头查看家中的情况。

智能家居还具有防灾报警功能，它是通过接入烟雾探头、瓦斯探头和水浸探头，全天24h监控可能发生的火灾、煤气泄漏和溢水漏水，并在发生报警时联动关闭气阀、水阀，为家庭构建坚实的安全屏障。

此外，求助报警功能也是智能家居的一项重要功能。通过智能家居控制器接入各种求助按钮，使得家中的老人小孩在遇到紧急情况时通过启动求助按钮快速进行现场报警和远程报警，及时获得各种救助。

（2）温控系统

智能家居同样可以连接中央空调、地暖等设备。通过此项功能，系统可以根据业主的设置，在环境温度达到设定值时，自动开启和关闭相关设备。

（3）灯光系统

灯光系统可根据预先设置，达到不同的照明效果。如在业主起夜时，灯可以渐渐变亮，以免突然点亮刺眼。同时还可以在室内无人时自动关闭，或在外出旅游时使灯定时开启，造成屋内有人的现象等。

（4）窗帘系统

智能控制系统可以完成窗帘的定时控制、应急控制，也就是火灾报警或其他紧急状态下无条件收起窗帘，并有根据太阳光线的变化，系统通过室外传感器获取阳光信息，自动控制窗帘调整的阳光追踪功能等。

（5）家庭影院系统

在使用家庭投影设备时，无须再自己调灯光，放幕布，调整投影机，只要在中央系统

中选择看电影模式，各设备将自动调整成理想状态。

智能家居还具有远程控制功能。利用电话或手机可在办公室或其他地点远程控制家庭电器开关及安防系统布撤防等，如下班前利用电话打开家里的空调，回到家后便可享受温暖如春的环境。

3. 智能家居安装需要注意的问题

智能家居听起来很“炫”，但安装起来要考虑的问题不少。

（1）前期沟通

安装前要与出售设备的商家确定需要加入系统的电器，和设计师协商好电器摆放位置及所需功能等。商家根据业主要求出具布线图，在装修中的水电改造阶段就要结合智能家居布线图进行布线及与电路线的连接。

这里需要特别注意的是，电器摆放位置一定要提前确定。系统内的电器位置是绝对不能挪动的，否则就无法控制。如果需要变动位置，一定要在施工完成前进行，一旦施工完成后再要变动，就要打开墙、地面重新布线。目前市场上也有无线布置系统，即在每个电器旁安装一个无线模块，再在适当位置安装信号发射器。但是空间形状、家具等都会影响信号传输，而且费用也更高。智能系统目前还是以选择有线方式为主，随后如果添加少数设备，才考虑选择无线方式。

（2）兼容问题

电器设备与智能系统还存在一个兼容的问题，不是所有电器设备都与智能系统兼容，所以购买前就要仔细确认。最好是购买前就和智能系统设备商确定购买的电器设备品牌和型号是否兼容。

（3）隐私问题

智能系统利用了网络，而网络都是存在一定漏洞的，有可能被一些技术高超的黑客侵入。这和我们平时上网的网络被侵入是一样的原理。比如监控录像设备，就很有可能被他人通过网络控制。针对这种情况，建议在卧室等私密空间不要安装监控录像设备。

总之，随着人们现在生活水平的提高及对家居功能的高级需求不断增加，利用智能家居平台还可以扩展更多的生活服务和健康服务，智能家居的功能将会越来越丰富，越来越精彩。智能家居未来的发展前景不可限量。

1.3 室内装修常见疑难解析

1.3.1 不同空间的材料选购

不同的空间有着不同的使用功能，如客厅这类面积较大的空间，可以局部采用深色调和表面粗犷坚硬、有较大图案的材料，且应具有坚固、易擦洗等特性，此外，材料的尺寸可以大一些，显得更加整体和大气，如地砖可以选用规格为 800mm × 800mm 或者 600mm × 600mm；面积较小的空间则宜采用浅色调、质感细腻和能拉大空间效果的材料，材料尺寸也应该偏小，如规格为 300mm × 300mm。用于厕所、卫生间的装饰材料应防水、防滑、易清洁；厨房的材料则要求易擦洗、质感坚硬、耐脏、防火，所以不宜选用纸质或布质的装饰材料；用于起居室的材料则应清新明快、防滑、隔声等，但应避免强烈反光，选用亚光漆、墙纸、墙布等装饰材料为佳。

1.3.2 精装修注意事项

根据《商品住宅装修一次到位实施导则》的要求：精装修住宅是在交房屋钥匙前，所有功能空间的固定面全部铺装或粉刷完成，厨房和卫生间的基本设备全部安装完成。精装修推出的初衷是解决一些装修行业的固有问题。这些问题从房主方看，解决装修过程中的环境污染、用电安全、擅改房屋结构等隐患以及由此出现诸多邻里矛盾；从承担装修的工程方看，“散兵游将”的施工质量和监管力度仍然堪忧，工程质量问题不断；从材料市场看，装饰材料质量良莠不齐，很多难以过关，业主防不胜防，为换料来回奔波难免影响工作。推广精装修，可以从某种程度解决上述问题，此外，精装修可以体现出规模化和产业化的优势，省钱、省时、环保。精装修的初衷是非常好的，但是从现有精装修的发展情况看，并不尽如人意。

目前很多房地产公司都提供带精装修的房产，这些精装修往往都号称是数千元每平米的标准，其实这些价格大多是虚高，而且这笔钱也是羊毛出在羊身上，最终价格还是要体现在房价上，甚至在某些房地产销售中，精装修成为了避税的一种手段。房价征税高，那就将房价降低，差额再单独签订一份装修协议补回来。此外，精装修的房子并不见得就质量好，目前房地产公司提供的很多的精装房都出现了各种问题，如开裂、漏水、不平整、污染超标等，甚至这些情况还出现在一些国内最著名的房地产公司提供的精装修上。精装修的房子还有一个很严重的问题，那就是千篇一律的设计，你家和隔壁家甚至隔壁的隔壁家都是一样的，唯一的区别可能就在家具上。家家户户的需求都不一样，但结果却是一样的。只是在现阶段，中国人迫切需要解决的是住房问题，对于个性化的设计需求还不是那么迫切，这个问题也就显得不是那么突出，等到生活水平更进一步提高，住房不再是困扰生活的首要问题，个性化的设计装修就会得到更多的重视。

与国外几乎没有出现过“毛坯房”相比，我国在此中可算是“独步世界”。如今，方方面面都在与国际逐渐接轨，精装房势必被越来越广泛采用。但是在推广精装房的过程中也必须解决精装房精装不精，价格虚高，设计千篇一律，质量问题多等问题。所幸的是，目前随着中国工业产品个性化定制的逐步形成，很多装饰类的产品都开始推广定制化服务，比如家庭装修中最为抢眼的背景墙，一些知名品牌厂家如孚祥、致和、兰宫等，现在就能实现定制化服务，这在一定程度上弥补了精装修千篇一律的弊病。业主购买精装房后，只需要提供给厂家定制背景墙的尺寸，厂家可以单独为业主提供业主需要的定制产品，不仅

图 1-9 个性化定制背景墙对于空间装饰作用对比图（由孚样背景墙提供）

材料、尺寸可以定制，甚至画面也可以单独定制，照片、签名甚至设计构思均可定制，这样就为个性家居提供了可能。如图 1-9 所示，同一套房，仅仅是在客厅最重要的背景墙区域增加了一幅个性化定制的背景墙，感觉整个空间都亮起来。可见个性化定制的背景墙不仅仅是美观，而且可以对整体空间装饰起到“画龙点睛”的作用，使整个空间感觉更加彰显档次。

相对而言，目前线上装饰品牌提供的套餐服务，就类似于精装修，从设计到施工一条龙服务，而且包括了全部的主材和辅料，所有材料基本都是从品牌厂家直接拿货，品质相对更有保证。更重要的是，依托网络平台的线上装饰品牌，更加注重服务，后续保障更好，同时价格很实惠。以东家西舍线上装饰品牌为例，700 ~ 800 元 /m^2 的套餐装修价格，效果能够达到房地产企业提供的价格为 1500 ~ 2000 元 /m^2 的装修效果。

1.3.3 团购与网购装饰材料的利弊

（1）团购

团购是一种双赢的商业模式，从厂家的角度看，标准化产品可以通过团购消化部分库存产品，降低库存率；非标准化的定制产品则可以通过团购带来大量订单，利于生产成本的降低和生产组织的顺畅。从客户的角度看，团购相当于众多小客户合并为一个大客户，能够拿到批发价甚至经销价，价格相对比较便宜，性价比高。而且团购可以参考团购组织者和其他购买者对产品客观公正的评价，在购买和服务过程中占据主动地位，达到省时、省心、省力、省钱的目的。

团购固然能够带给消费者许多优惠，但也存在部分弊端，例如，团购产品可能是存放已久的过期滞销商品，或只限几个品种，比较单一，难以符合需求；消费者容易和商家产生矛盾，或纠纷权责问题；团购不排除有鱼目混杂的组织者和商品参与其中。这就需要消费者区分对待，最重要的是在团购建材的时候一定要选择知名度高、性价比高、市场份额大、属于行业龙头或业内领先者的建材产品，因为这样的产品一般服务体系完善，售后服务好，且产品质量稳定，经得起时间检验，能提供完整的企业和产品信息，包括执照、准产证、合格证、检验报告、获奖证明等。

主要有以下几种装饰材料适合消费者团购。

① 瓷砖和地板。由于家庭装修时所使用的瓷砖和地板的品种较为统一，用量大，因此这些装饰材料成为家装材料团购的主要对象，也是最容易体现团购优势的项目。市面上某些大品牌还专门设立了团购销售部门，深入小区做些品牌团购活动。瓷砖类产品网购也是不错的选择，随着国内物流网的健全，现在网购瓷砖等重物也可以发货到县。此外，很多瓷砖厂家开始重视线上销售，开设了厂家直销的网店，有非常不错的性价比。尤其是新产品，比如抛釉砖、微晶石、微晶石地面拼花等，因为市场流行时间不长，很多地区甚至没有专卖店或者可选款式很少，这些新型瓷砖产品可以在网上选择知名品牌的产品，如兰宫、东鹏、致和等，不仅更为便宜，而且品质和服务有很好的保障。

② 厨卫设施。厨房和卫生间其实是房子装修花销最大的，几万元的按摩浴缸，几千元的座便器，几千元一延米的橱柜，甚至有些连水龙头也要以千元来计价！团购一些厨卫设施则可以避免出现过分超支的情况。

③ 灯饰。团购灯饰其实也具有很大的优势，消费者可以选择综合性比较大的灯具商场洽谈团购，这样既能够享受低价，又能有多种选择。

④ 家用电器。消费者不要自行组织家电团购，直接参加大型正规网站举办的团购活动即可，家电利润较薄，个人小批量购买的话，厂家不会给更优惠的价格，而大型购物网站更容易和厂家谈成优惠力度极大的团购。

（2）网购

网购公开透明，是目前国内最为便利，也是性价比最高的购物方式。随着国内各个电商平台的兴起，网购在国内已经成为一种购物的常规方式，增长速度惊人。随着传统建材行业的涉网，几乎全部的建材产品都可以在网上购买到。但是装饰材料不同于服装与数码产品，可以通过快递直接送到家里。装饰材料的重量（如瓷砖）和体量（如家具）决定了很多装饰产品只能采用物流的发货方式送到消费者所在城市的物流点，做不到送货上门，消费者需要自己去物流点提货。此外，网上购物还存在虚假宣传，假冒伪劣等弊病，但是网络购物的高性价比足以抵消以上弊病，成为日益壮大的一种购物途径。

网络购物无法看到实物，此外，网上存在着大量虚假宣传，这都是让消费者很难判断的原因，其实网络购物也很简单，因为现在各大网购平台都有非常好的退换货机制，所以网购只需要记住以下三点就可以。

① 认准品牌。越是众所周知的品牌，相对可信度也就越高。

② 看服务。很多店铺为了夸大自己的形象，做了很多虚假宣传，但是服务是无法造假的，有实力的厂家有很多方面的优势，比如价格优势、出货速度优势、服务质量优势、产品质量优势，这些才是真实力，购买时对比一下就知道。

③ 第三方验证。有些东西是很难造假的，比如第三方验证，有实力的厂家往往都是有自身强大的研发实力的，比如有很多专利和著作，有专门的研究所或与著名科研机构、大学有合作等，一般的厂家或者拿货销售的网店是根本不可能具备这些的。

1.3.4 盘点装修费用陷阱

装修装饰行业的公司林林总总，良莠不齐，无论是在选购材料、装修施工，还是后期验收方面，一些无良的装修公司都可以从中牟取巨大利益，因此，业主一定要看清装修费用中在预算和控制方面隐藏的陷阱，避免造成严重损失。常见陷阱如下所述。

（1）免费家装设计

家装设计是指家庭装修设计，在家装正式装潢开工前进行功能格局上的设计，各空间界面的装饰设计。现在，很多家装公司都是打出免费设计来吸引业主。

对于业主而言，在选择装修公司的时候，心里一定要有“免费设计不免费”的概念，不要琢磨占这种便宜，一个好的设计可以为业主避免很多后续麻烦，而且省下的钱会更多。最重要的是设计费其实并不贵，按照网上东家西舍的报价，也仅仅是 30 元 /m^2 左右，为了节省这点开支，带来那么多麻烦其实是得不偿失的。

（2）预算“大数小报”

有些装修公司在做预算时，人为地把工程量很大的项目少报，把总价压低，使预算表看上去十分具有竞争力。等到实际装修施工时，按照预算的工程量无法完成预定设计的缺陷就会露出来，装修公司则会冠冕堂皇地要求追加工程量并增加相应费用，最终使总的装修费用大大超出预算范围。

在装修预算中除了会出现“大数小报”这种情况外，还有以下几种情况，这里就简略描述。

化整为零（例如墙工程，把批烫、底漆、面漆等分解得支离破碎，这样每一项报价看上去就便宜多了，给消费者造成“实惠”的错觉）、该报不报、混乱算法、不表明细、笼统报价甚至施工出现问题后做事后诸葛亮，找各种理由让业主修改、加价。装修公司在预算上做的手脚无非就是想以低价吸引消费者，因此在装修前，业主要明辨各种圈套，谨慎选择装修公司。

（3）“先施工，后付款”

现在不少装修公司都会打出“先施工，后付款”的旗号，其目的就在于让业主觉得放心、划算。但实际上一旦与其签订装修合同，问题就纷纷出来了——不是今天改设计、加项目，就是明天变工艺、加费用，倘若装修款项增加不到位也可能使他们有理由怠工、停工导致工期延误。因此，业主千万不能轻信“先施工，后付款”的承诺，实际施工质量才是最硬的凭证。

（4）装修合同

签合同的作用主要是为了双方出现纠纷时维权用的。在签合同的时候，也马虎不得。没有签合同就冒然开工，是万万不可行的。

装修合同条款必须特别注意的有以下几点（见图 1-10）。

① 工期约定填写清楚，明确开工日期以及竣工日期。

② 装修形式约定清楚，避免界定责任困难。

③ 合同金额明确。

④ 环保要求明确。

⑤ 安全事故责任如何承担要明确。

⑥ 付款方式及时间写清楚。

⑦ 违约责任明确。

⑧ 签订保修条款，明确时间及保修内容。

小贴士：签订装修合同的注意事项

下笔签字时要慎重，由于装修合同所涉及的内容特别繁冗复杂，千万别因为不耐烦而轻易下笔。一定要认真阅读并理解后再签字。因为你一旦签字，合同就生效了，日后一旦发生纠纷，就只能走法律程序了。

小贴士：签订装修合同的注意事项

审查装修公司的合同文本是否齐全，一份完整的家装合同包括主合同、补充合同、图纸、预算书、施工材料明细单等。

图 1-10　签订装修合同的注意事项

装饰公司通常都有固定模板的装修合同，甚至有些城市还有相关政府职能部门认定的装修合同。如果这些装修合同约定内容之外，还有双方需要明确或者约定的内容，可以再签订一份装修补充协议。

大量的补充协议在材料验收、施工验收、项目变更、环保标准、保修条款、处罚标准、工地管理等方面都有非常细致的说明。可是这么细致的条款有多大的可操作性，说实在很值得怀疑。要完全落实这些条款对业主的专业水平有很高的要求，同时也需要花费大量的时间。现实情况下可能大多数业主都无法执行，其结果往往是花费了大量时间，还导致很多纠纷。其实，比较可行的做法还是踏踏实实地选好一家合适的装饰公司，实在不放心还可以聘请一位负责任的第三方监理，业主更多的只是参与监控。

思考与练习

1. 装修的风格有哪几种？
2. 装饰材料中背砖用量如何计算？
3. 装修的基本流程是什么？
4. 装修污染的治理方法是什么？
5. 什么是智能家居？智能家居的常用功能有哪些？

第2章

水电材料

水电改造通常是针对毛坯房而言的。目前不少房产在销售时已经做好了一定的装修，称之为精装修房，精装修房已经将水电工程完成，通常不需要再进行改造。本章主要针对毛坯房改造涉及的水电材料进行讲解。

2.1 电线

目前很多水电改造都是采用暗装的方式，水电线路被埋在墙体内，一旦出了问题，不但维修起来麻烦，而且还会有安全隐患。因而在水电材料的选购上需要特别注意，产品必须合格并达到水电改造的要求。

2.1.1 电线的主要种类及应用

电路改造材料最为重要的就是电线，尤其是目前有不少电器设备功耗很高，动辄数千瓦，对电线的要求也更高。不少精装修房在出售时电气线路就已经做好了，这时虽然看不到电线，但还是应该检查电气线路质量，比如可以查看插座和电线是否来自正规厂家的品牌产品，住宅的分支回路有几个等。

一般来说分支回路越多越好，根据国家标准，一般住宅都要有 5 ~ 8 个回路，空调、卫生间、厨房等最好都要有专用的回路。一般家庭住宅用电最少应分 5 路，即空调专用线路、厨房用电线路、卫生间用电线路、普通照明用电线路、普通插座用电线路。电线分路可有效地避免因空调等大功率电器启动时造成其他电器电压过低、电流不稳定的问题，同时又方便了分区域用电线路的检修，而且即使其中某一路出现跳闸，不会影响到其他回路的正常使用，避免了大范围断电的问题。

（1）概述

电线又称导线，供配电线路使用的电线分为绝缘导线和裸导线两种。室内供配电线路常用的导线主要为绝缘导线。绝缘导线按其绝缘材料的不同，又可分为以下几种。

① 塑铜线。它里面为铜线，外面为塑料绝缘层，是室内设计最为常用的电线品种。为区别不同线路的零线、火线和地线，设计有不同的表面颜色，一般红色代表火线，蓝色代表零线，双色代表地线，但各个地区厂家产品颜色的区分也不尽相同。

② 护套线。它是一种双层绝缘外皮的导线，它可用于露在墙体之外的明线施工，由于它的双层护套使它的绝缘性能和防破损性能大大提高，但是散热性能相对塑铜线有所降低，所以不提倡将多路护套线捆扎在一起使用，那样会大大降低它的散热能力，时间过长会使电线老化造成危害。

③ 橡套线。橡套线又称水线，顾名思义是可以浸泡在水中使用的电线，它的外层是一种工业用绝缘橡胶，可以起到良好的绝缘和防水作用。橡套线可以说是专用室外施工的品种，它良好的防破损性能和防水性能被建筑、工业、航天、航海等部门广泛应用。

按线芯导体材料的不同，又分为铜芯和铝芯导线，铜芯导线型号为 BV，铝芯导线型号为 BLV，其中铜芯线是最为常用的品种。室内装修常见的电线为塑铜线，全称为塑料绝缘

铜芯电线，型号为 BVV。如果采用铝芯型号则为 BLVV。电线通常都是按卷来计算，国家标准要求一卷电线长度为（100 ± 0.5）m，现在也有每卷 25m、50m 等规格的电线，如图 2-1 所示。

铝芯导线虽然价格低，但是比铜芯导线的电阻率大。在电阻相同的情下，铝线截面是铜线的 1.68 倍，从节能的角度考虑，为了减少电能传输时引起的线路上电能损耗，使用电阻小的铜比电阻大的铝好得多，而且铜的使用寿命也远远超过铝。此外铝线质轻，机械强度差，且不易焊接，因为暗线在更换时需要较大力气才能从管内拉出，而铝线容易被拉断，所以在室内装修电路改造中尤其是以暗装方式铺设时，必须采用铜芯导线。因此，一般家居空间和办公空间装修采用铜芯线。

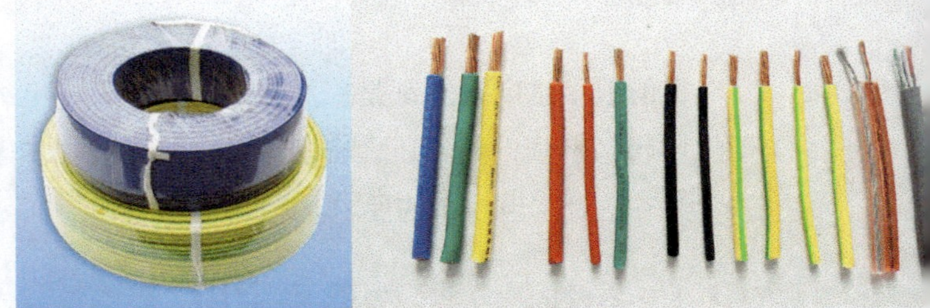
图 2-1　电线样图

（2）电线的线径

室内装修用电线根据其铜芯的截面大多可以分为 1.5mm^2、2.5mm^2、4mm^2 等几种。电线截面大小代表电线的粗细，直接关系到线路投资和电能损耗的大小。截面小的电线价格较为便宜，但线路电阻值高，电能损耗随之增加；反之，截面大的电线价格较贵，但是却可以减少电能损耗。

电线的线径决定了电线的安全载流量，电线的截面积越大，其安全载流量就越大。铜线的线径每平方毫米允许通过的电流为 5 ~ 7A，所以电线的截面积越大，能够承载的电流就越大。因此在电线的截面积选择上应该遵循“宁大勿小”的原则，电器功耗越高，需要采用的线径越大，这样才有较大的安全系数。

一般情况，进户线为 10mm^2，插座用线多选用 2.5mm^2，可以采用串联方式，在没有超过负荷的情况下，可分区域串联多个插座。空调、厨房、直热式电热水器、按摩浴缸等大功率电器插座均要走专线，其电线多为 4mm^2 或线径更粗；普通照明灯具国家标准用 1.5mm^2 电线，但在实际施工中照明灯具也多用 2.5mm^2 电线，在没有超负荷的情况下通常采用串联方式。

（3）强电、弱电

电线有强弱之分，常见的电源线为强电，弱电则包括电话线、有线电视线、音响线、对讲机、防盗报警器、消防报警和煤气报警器等。弱电信号属低压电信号，抗干扰性能较差，所以弱电线应该避开强电线（电源线）。国家标准规定，在安装时强弱电线要距离 500mm 以上，以避免干扰。

（4）布线

室内电器布线要有超前意识，原则上是宁多勿少。以网线为例，早些年在家庭各个房间安装网线并不普遍，但现在父子、夫妻同时上网现象十分普遍，所以即使暂时用不上也可以在各个房间预留。电话线和电视线同样如此，多了关系不大，但是少了则肯定会造成生活上的影响。等到需要时再来重新补线，又要穿墙打洞，极不方便。

电线还分为火线（也称相线）、零线和接地线（也称保护线或保护地线）三种。通常，火线为红色，零线为蓝色，接地线为黄绿色（各地可能颜色不同，选择时需要问清楚）。在布线过程中，必须遵循“火线进开关，零线进灯头”和“左零右火上接地”的接线规定。

像空调、洗衣机、热水器、电冰箱等常见电器设备的插座多为单相三孔插座，火线、零线、保护地线分别接入三个插孔。很多人忽略了保护地线的作用，只将一相火线与一相零线装入电源插座，将地线抛开不接，这样做对于电器的使用不会造成什么问题，但是一旦电器设备出现漏电，就可能导致触电伤人和火灾事故。

2.1.2 电线的选购要点

国内很多火灾事故都是因为电线质量不过关或者线路老化以及配置不合理造成的。因此，在购买电线时一定要特别注意，以免造成不必要的危害。选购质量好的电线需要从以下几个方面考虑。

（1）看外观

最好选择那些具有中国电工产品认证“长城标志”的产品，同时必须具有产品质量体系认证书和合格证，并且有明确的厂名、厂址、检验章、生产日期和生产许可证号，相对而言，选择一些大厂家品牌产品会更有保证。

（2）电线铜芯

电线铜芯质量是电线质量好坏的关键，消费者可以要求商家剪一个断头，看其是否为铜芯材质。好的电线铜芯采用的原料为优质精红紫铜。看电线铜芯的横断面，优等品铜芯质地稍软，颜色光亮，色泽柔和，颜色黄中偏红。次品铜芯偏暗发硬，黄中发白，属再生杂铜，电阻率高，导电性能差，使用过程中容易升温而导致安全隐患。

（3）塑料绝缘层

电线外层塑料皮要求色泽鲜亮，质地细密，厚度 0.7 ~ 0.8mm，用打火机点燃应无明火；可取一截电线用手反复弯曲，优等品应手感柔软，弹性大且塑料绝缘体上无龟裂。次品多是使用再生塑料，色泽暗淡，质地疏松，能点燃明火。

2.2 电线套管

电线穿管的目的是为了避免电线受到外来机械损伤和保证电气线路绝缘及安全，同时还方便日后的维修。电线套管也叫作电线护套线，主要有塑料和钢管两大类。

2.2.1 电线套管的主要种类及应用

1. PVC 电线套

塑料管材有聚氯乙烯半硬质电线管（FPC）、聚氯乙烯硬质电线管（PVC）和聚氯乙烯塑料波纹电线管（KPC）三种，其中 PVC 塑料电线套管是应用最为广泛的一种，如图 2-2 所示。

PVC 塑料管耐酸、碱腐蚀，易切割，施工方便，但是耐机械冲击、耐高温及耐摩擦性能比钢管差。PVC 塑料管应用非常广泛，尤其是在家居电路改造中，大多使用 PVC 塑料护套管。通常做法是在墙面或者地面开出一个槽，开槽深度一般是 PVC 管直径再加上 10mm，然后将电线套入 PVC 塑料管中埋入槽内。明装电线出于保护作用也同样必须使用 PVC 塑料线槽来进行保护，不同的只是它不需要埋进墙内或者地面中，而是暴露在外面，如图 2-3 所示。

图 2-2　PVC 塑料电线套管

图 2-3　明装电线

PVC 电线套管管径常用的有 16mm、20mm、25mm、32mm、40mm、50mm 等多种，装修用多为 25mm 和 20mm 两种，也称为 6 分管和 4 分管。按照国家标准，电线套管的管壁厚度必须达到 1.2mm。此外出于散热的考虑，管内全部电线的总截面积不能超过 PVC 电线套管内截面积的 40%，因为如果某根电线出了问题，可以从 PVC 管内将该电线抽出，再换一根好的。但是如果 PVC 管中穿了过多的电线，那就很难抽出那根出了问题的电线，这样会给维修造成很大麻烦。

电线套管还需要注意的是在同一管内或同一线槽内，强弱电线不能同管铺设，以避免使电视、电话的信号接收受到干扰。国家标准是强电弱电间隔 50cm。

2. 钢管电线套管

钢管电线套管主要有镀锌钢管、扣压式薄壁钢管、套接紧定式钢管等。镀锌钢管适用于照明与动力配线的明设及暗设；扣压式薄壁钢管和套接紧定式钢管适用于 1kV 以下、无特殊要求、室内干燥场所的照明与动力配线的明设及暗设；套接紧定式钢管也叫作 JDG 镀锌钢管，是应用最为广泛的一种钢管电线套管，如图 2-4 所示。

钢管布线可以应用于室内和室外，但对金属管有严重腐蚀的场所不宜采用。相对而言在室内装修多采用 PVC 电线套管，而公共空间（如办公室）装修则更多地会应用一些钢管布线。

钢管电线套管和 PVC 电线套管一样，管内电线的总截面积不能超过钢管电线套管内截面积的 40%。钢管应用如图 2-5 所示。

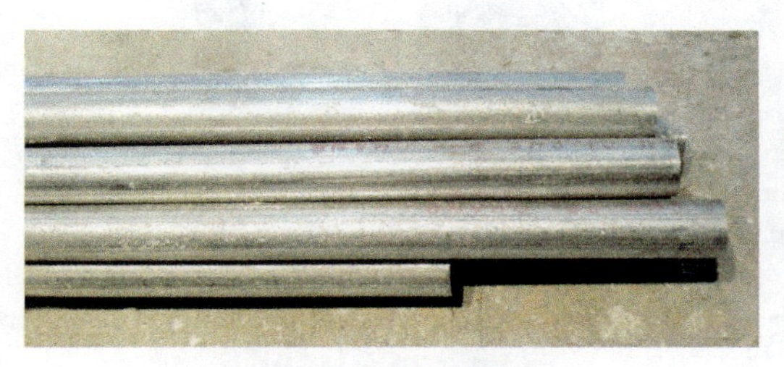

图 2-4　镀锌钢管样图

图 2-5　钢管应用

2.2.2　电线套管的选购要点

PVC 塑料管应具有较好的阻燃、耐冲击性，产品应有检验报告单和出厂合格证。它的管材、连接件及附件内、外壁应光滑、无凹凸，表面没有针孔及气泡。管子内、外径尺寸应符合国家统一标准，管壁厚度应均匀一致。同时要求有较高的硬度，可以放在地上用脚踩，最起码不能轻易踩坏。

钢管电线套管要求壁厚应均匀一致，镀层完好、无剥落及锈蚀现象，管材、连接套管及金属附件内、外壁表面光洁，无毛刺、气泡、裂纹、变形等明显缺陷。

2.3　开关插座

开关插座就是安装在墙壁上使用的电器开关与插座，是用来接通和断开电路使用的家用电器。

2.3.1　开关插座的主要种类及应用

1. 开关

开关的品牌和种类很多。按启闭形式可分为跷板式、触摸式、拉线式等多种；按开关的功能可以分为定时开关、带指示灯开关等；按照性能的不同可以将开关分为转换开关、延时开关、声控开关、光控开关等；按额定电流大小可分为 6A、10A、16A 等多种。

按照用途分，室内装修常用的有单控开关、双控开关和多控开关。单控开关就是一个开关控制一个或者多个灯具，如办公室有多盏筒灯，它们由一个开关控制，那这个开关就是单控开关。双控开关则是两个开关共同控制一个或者多个灯具，如卧室就比较适合安装双控开关，门口打开，床头关闭，使用非常方便。

除此之外，按开关的装配形式可以分为单联（一个面板上只有一只开关）、双联（一个面板上有两只开关）和多联（一个面板上有多只开关），如图 2-6 所示。

图 2-6　单联、双联、三联开关（双控还是单控在外观上看不出来）

开关高度一般为 1200 ~ 1400mm，距离门框门沿为 150 ~ 200mm，同时开关不得置于单扇门后面。开关的设计要以便利性为设计原则，走道、卧室等空间最好设计一个双控开关，能够一头打开，另一头关闭，避免日常使用不便。

2. 插座

室内用的插座多为单相插座，单相插座有两孔和三孔两种。两孔插座有相（火）线（L）孔和零线（N）孔，不带接地（接零）保护孔，主要用于不需要接地（接零）保护的小功率家用电器；三孔插座除了以上两个插孔以外，还有保护接地（零）线（PE）孔，用于需要接地（接零）保护的大功率家用电器，如图 2-7 所示。

图 2-7　带开关的两孔和三孔插座

插座从外观上看有二二插、二三插等种类，有些插座还自带开关，如图 2-8 所示。

图 2-8　二三插及带开关的二三插

按功能分插座可以分为普通插座、空调插座、安全插座、防水插座等。空调有专门的空调插座，外观上和普通插座差不多，但是在使用上有很大区别，这点需要特别注意。

安全式插座内部有安全保护弹片的插座，当插头插入时保护弹片会自动打开，插头拔离时保护门会自动关闭插孔，可有效地防止意外事故的发生。有小孩的家庭和幼儿园等空间，最好采用这种安全插座，避免小孩触电危险。

图 2-9　空调插座及带保护盒防水插座

在卫生间等水汽较多的空间，安装电热水器尤其是直热式电热水器最好采用具有防水功能的带开关防水插座为宜，如图 2-9 所示。

除此之外，现在还有一种安装在地面上的地插座，平时与地面齐平，脚一踩就可以把插座弹出来，主要用在有很多办公桌的办公空间，可以避免从墙面插座上接线，致使地面到处是电线。此外，可以用在餐桌下插火锅电磁炉，防止来回走动时绊倒电线，如图 2-10 所示。

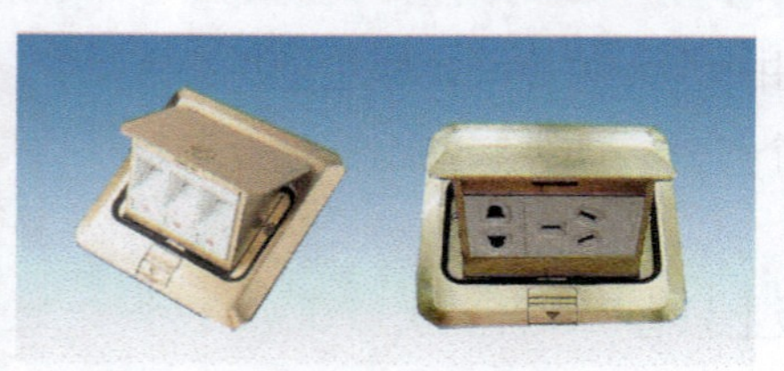

图 2-10　地插

插座的规格有：50V 级的 10A、15A；250V 级的 10A、15A、20A、30A；380V 级的 15A、25A、30A。住宅供电一般

都是 220V 电源，应选择电压为 250V 级的插座。插座的额定电流选择，由电器的负荷电流决定，一般应按 2 倍以上负荷电流的大小来选择。如果插座的额定电流和负荷电流一样，长时间使用插座容易过热损坏，甚至发生短路，严重时可以熔坏插座，造成火灾隐患。图 2-11 所示为被大功率柜式空调熔坏的插座。一般来说，普通家用电器所使用的插座额定电流可选 10A 的；空调、电磁炉、电热水器等大功率电器宜采用额定电流为 15A 以上的插座。

图 2-11　被大功率柜式空调熔坏的插座

除了上述电源插座外，还有一些弱电插座，如电视插座、电话插座、网络插座等，如图 2-12 所示。电话插座和网络插座外形上可以是一样的，区分的办法是看插孔内的芯数，电话插座为四芯，网络插座为八芯，此外，两者的接口大小也不一样。

插座的设计需要考虑全面。由于目前大多采用暗装的方式，在使用中发现插座少了，再想增加是件很困难的事情，所以在设计之初就必须考虑好日常使用的方方面面。同时还必须与业主多沟通，了解业主是否有自己的特殊需求。

图 2-12　电话插座、网络插座和单孔及双孔电视插座

① 插座的设计有一个重要原则：宁多勿少！多了最多是影响到美观和浪费一点钱，但是少了会给以后的日常生活带来诸多不便。插座的设计需要有一个预见性。目前可能用不上，但将来一旦要用，那么再安装会极其不便，如儿童房网线插座，小孩小可能用不上，但是将来肯定还是要用到的，所以最好还是预留，以防万一。电视插座也是如此。

② 安全性也是插座必须重点考虑的环节，例如，阳台、卫生间、儿童房等空间的插座最好采用防水和安全插座，避免发生意外。

③ 还需要特别注意的是整体橱柜插座位的设定。现在很多的整体橱柜已经将电冰箱、电磁炉、电烤箱、电饭锅、电炒锅、洗碗机、消毒柜等电器设备整合在了一起，安排插座时一定要充分考虑到插座的数量和高度，这样使用起来才会得心应手。尤其是目前橱柜大多采用厂家定做的方式，确定插座数量和位置时需要业主和厂家的橱柜设计师共同协商确定。

一般情况下，家居室内墙面固定插座的布置可以遵循以下标准进行：每间卧室电源插座四组，空调插座一组；客厅电源插座五组，空调插座一组；厨房电源插座五组，排气扇插座一组；走廊电源插座两组，阳台电源插座一组。其中空调插座和电冰箱插座必须采用带接地保护的三孔插座。弱电插座根据业主需要定。当然这只是一般规定，针对不同的需要，可以再做增减。

暗装和工业用插座距地面不应低于 300mm；在儿童活动场所应采用安全插座；通常挂壁空调插座的高度约为 1900mm，厨房插座高约为 950mm，挂式消毒柜插座高约为 1900mm，洗衣机插座高约为 1000mm，电视机插座高约为 650mm。

2.3.2　开关插座的选购要点

开关插座的选购需要注重品牌，不要图便宜买一些杂牌产品。在装修中最不能省的就是电材料及水材料，这些材料一旦出现问题，往往都伴随着较为严重的后果，所以需要特别小心。比如市场上很多知名品牌开关会有“连续开关一万次”的承诺，正常情况下可以使用十年甚至更长时间，价格虽高，但综合比较还是划算的。

（1）外观

开关的款式、颜色应该与室内的整体风格相吻合。

（2）品牌

品质好的开关、插座大多使用防弹胶等高级材料制成，也有镀金、不锈钢、铜等金属材质，其表面光洁、色彩均匀，无毛刺、划痕、污迹等瑕疵，具有优良的防火、防潮、防撞击性能。同时包装上品牌标志应清晰，有防伪标志、国家电工安全认证的长城标志、国家产品 3C 认证和明确的厂家地址电话、内有使用说明和合格证、产品生产型号和日期等。

（3）手感

插座额定的拔插次数不应低于 5000 次，插头拔插需要一定的力度，松紧适宜，内部铜片有一定的厚度；开关的额定开关次数应大于 10000 次，开启时手感灵活，不紧涩，无阻滞感，不会发生开关按钮停在中间某个位置的状况；还可掂一掂开关重量，优质的产品因为大量使用了铜银金属，分量感较足，不会有轻飘飘的感觉。

2.4　漏电保护器

在五花八门的电器接踵而来的同时，也诞生了各式各样的保护器。其中有一种是专门用来在设备发生漏电故障时对人身的保护，称为漏电保护器。

2.4.1　漏电保护器的主要种类及应用

漏电保护器是漏电开关、漏电断路器、自动空气开关、自动开关的统称，做总电源保护开关或分支线保护开关用，同时具有过载、短路和欠电压保护功能。它是一种既有手动开关作用，又能自动进行失压、欠压、过载和短路保护的电器。当电气线路或电器等发生漏电、短路或过载时，漏电保护器会瞬间动作（通常为 0.1s），断开电源，保护线路和用电设备的安全。如果出现人触电的情况，断路器也同样瞬间动作，断开电源，保护人身安全。

漏电保护器最为重要的一个参数就是漏电动作电流。漏电动作电流指的是使漏电保护器发生动作的漏电电流数量。正确合理地选择漏电保护器的额定漏电动作电流非常重要：一方面在发生触电或泄漏电流超过允许值时，漏电保护器可以马上动作，保护设备及人身的安全；另一方面，漏电保护器在达不到额定动作电流的正常泄漏电流作用下不会动作，防止其频繁断电而造成不必要的麻烦。为了保证人身安全，额定漏电动作电流应不大于人体安全电流值，国际上公认 30mA 为人体安全电流值，所以用户漏电保护器可以选用额定动作电流为 30mA 的漏电保护器。漏电保护器样图如图 2-13 所示。

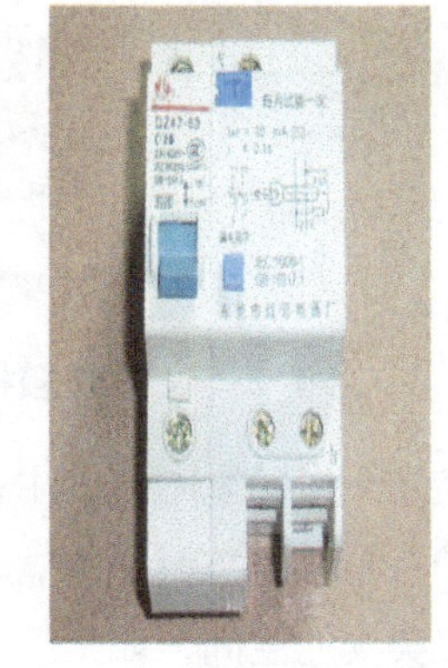

图 2-13 漏电保护器样图

一般小型漏电保护器以额定电流区分主要有 6A、10A、16A、20A、25A、32A、40A、50A、63A、80A、100A 等。通常插座回路漏电开关的额定电流一般选择 16A 和 20A；开关回路的漏电保护器额定电流一般选择 10A 和 16A；空调回路的漏电保护器一般选择 16A、20A 和 25A；总开关的漏电保护器一般选择 32A 和 40A。

漏电保护器对人身安全和设备安全起着不可替代的作用，但绝对不要主观地认为有了漏电保护器就什么也不怕，随便带电操作，认为反正有漏电保护器保护，不会出现问题。一方面漏电保护器必须在漏电设备形成漏电电流并且达到一定值时才能起作用；另一方面漏电保护器对相间短路和相线与工作零线之间的短路是不起作用的，如果人体同时触及两相电或者同时触及相线与工作零线时，漏电保护器是起不到保护作用的。所以不装漏电保护器是不行的，但是装上了漏电保护器也绝对不是万无一失的。

2.4.2 漏电保护器的选购要点

（1）额定电压和额定电流应不小于电路正常工作电压和工作电流。

（2）漏电保护器是国家规定必须进行强制认证的产品。在购买时一定要购买具有“中国电工产品认证委员会”颁发的《电工产品认证合格证书》的产品，并注意产品的型号、规格、认证书有效期、产品合格证、认证标志等。选购时应选择正规厂家的漏电保护器产品。

（3）选购时可试试漏电保护器的开关手柄，好的漏电保护器分开时应灵活、无卡死、滑扣等现象，且声音清脆。关闭时手感应有明显的压力。

2.5 其他常用电路改造材料

2.5.1 配电箱的主要种类及应用

配电箱就是分配电的控制箱，是用来安装总开关、分路开关、漏电开关等电气元器件

的箱体。电源总线接入总配电箱，再从总配电箱分出各个支路接入用户配电箱。通常每栋住宅建筑的首层都设有一个总配电箱，每层又会设一个分层配电箱，在分层配电箱中每户单元都设有单独记录用电量的电度表和短路及过载保护的总漏电开关。从总开关再将电源引入每户单元中，入户后一般在住户大门口处设有一个户配电箱，在户配电箱内根据用电负荷分出几个回路，每个回路上都设有分路漏电开关。

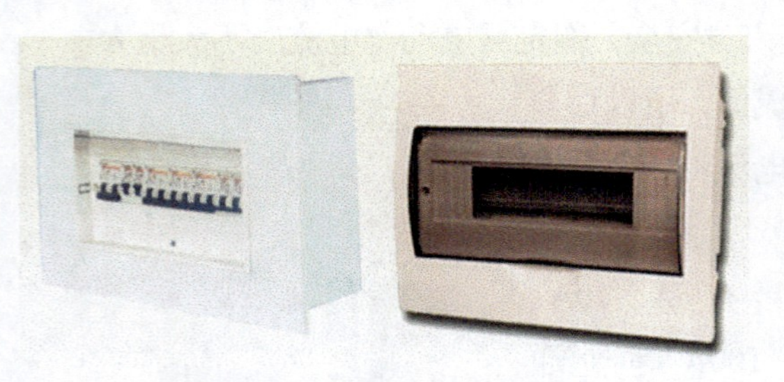

图 2-14　配电箱样图

配电箱有金属外壳和塑料外壳两种，根据安装方式则有明装式和暗装式两类。配电箱样图如图 2-14 所示。

出于美观考虑，在住宅、办公室等空间安装的配电箱以暗装为主，其主要结构部件有透明罩、上盖、箱体、安装轨道或支架、电排、护线罩、电气开关等，箱体周围及背面设有进出线敲落孔，以便于接线。在一些不需要讲究美观的空间，如工厂、出租房等空间则更多地采用明装式配电箱。

2.5.2　电能表的主要种类及应用

电能表是用来测量电能的仪表，俗称电度表、火表。电能表分单相电能表、三相三线有功电能表、三相四线有功电能表和无功电能表，其中单相电能表是室内中应用最为广泛的，如图 2-15 所示。

图 2-15　单相电能表

市场上常见的单相电能表主要有机械式和电子式两种。机械式电能表具有高过载、稳定性好、耐用等优点，但是机械式电能表容易受电压、温度、频率等因素影响而产生计数误差，而且长时间使用容易磨损。电子式电能表采用专用大规模集成电路，具有高过载、高精度、功耗低、体型小、防窃电等优点，而且长期使用不需调校。电子式电能表常见的有 DDS6、DDS15、DDSY23 等型号。选择家用电能表时，应尽量选择单相电子式电能表。

电能表有不同的容量，选择太小或太大容量，都会造成计量不准，容量过小还会烧毁电能表。电能表铭牌上通常会标有额定电压、额定频率、标定电流、额定电流、电源频率准确度等级、电能表常数等参数。常见的铭牌名称及型号含义如下所述。

（1）电源频率准确度等级

它表示的是读数误差，例如，电能表的铭牌上标明 2.0 级，则说明电源频率准确度等级读数误差小于 ±2%。

（2）电能表常数

它表示的是在额定电压下每消耗 1kW·h（俗称一度电）电能表的转数，例如，电能表的铭牌上标明 360r/kW·h，则说明每消耗一度电电能表铝盘转 360 圈。

（3）额定电压

交流单相电能表额定电压为220V，电能表铭牌上的额定电压应与实际电源电压一致。

（4）额定频率

额定频率一般都为50Hz。

（5）标定电流（额定电流）

它表示电能表计量电能时的标准计量电流，常见的标定电流有1A、2A、2.5A、3A、5A、10A、15A、30A等种类。

（6）额定最大电流

它表示电能表能长期正常工作，误差和温升完全满足要求的最大电流值。额定最大电流不得小于最大实际用电负荷电流。

例如，电能表的铭牌上标明5(20)A则说明标定电流为5A，额定最大电流为20A。

2.6 照明光源与装饰灯具

随着科学和生产工艺的不断提高，各种照明光源相继诞生，成为人类生活必不可少的一种必需品。而灯具已经不仅仅是一种照明用工具，更成为了室内装饰的重要装饰品。尤其是各类灯具发出的光色效果更为室内设计增添出更多韵味和艺术品位。

2.6.1 照明光源的主要种类及应用

早在1821年，英国的科学家戴维和法拉第就发明了一种叫电弧灯的电灯。这种电灯用炭棒作灯丝，虽然能发出亮光，但是光线刺眼，耗电量大，寿命也很短，因而那时电灯没有得到广泛应用。一直到爱迪生于1879年采用钨丝作为灯丝并不断改进，电灯终于达到可连续工作1000h以上的标准，这时电灯才作为日用品走进了千家万户。随着科学和生产工艺的不断提高，各种照明光源相继诞生，成为人类生活必不可少的一种必需品。

图2-16 灯光应用

随着各种装饰性光源的出现，灯光和照明已经成为室内外设计的重要组成部分。一个设计作品的好坏在很大程度上取决于灯具的配置和灯光的设计。室内设计中照明设计不仅要满足室内外“亮度”上的要求，还要起到烘托气氛，点缀空间色彩，突出设计表达重点的作用。灯光在室内设计中的应用如图2-16所示。

1. 白炽灯

白炽灯又称为钨丝灯泡。白炽灯是将钨灯丝通

电加热到白炽状态，才使电灯发出明亮的光芒。白炽灯的灯丝是用比头发丝还细得多的钨丝制成的，在发光过程中由于钨丝不断地被高温蒸发，所以会逐渐变细，直至最后断开，钨丝断开灯泡也就报废了。电灯的寿命跟灯丝承受的温度有关，温度越高，灯丝就越容易升华。因此，白炽灯的功率越大，寿命就越短。一般灯泡玻璃颜色开始发黑后，寿命也就不长了。

钨丝可以在很高的温度下保持稳定且不易融化，但是钨丝在高温下易直接升华成气体，等关灯后，温度下降，钨气会凝固成固体覆在灯泡玻璃内壁上，因为钨是黑色固体，所以白炽灯用久了以后，钨在灯泡玻璃内壁反复累积。正因如此，白炽灯大都被生产成“泡”的外形，这是为了增大灯泡玻璃内壁面积，避免灯泡在很短的时间内就被熏黑。

白炽灯由玻璃泡、灯丝、导线、感柱、灯头组成。40W 以下的灯泡一般是把玻璃壳中的空气抽成真空。超过 40W 的白炽灯泡，其玻璃壳内部充有氩气或氮气，这些气体可以使钨丝的蒸发速度变慢，同样的使用期限下可以使灯丝在更高的温度下工作，所以充气灯泡的发光效率比真空灯泡要高。一般来说，充气灯泡的发光效率要比真空灯泡高出 1/3 以上。白炽灯灯泡的灯头，有插口式和螺口式两种，如图 2-17 所示（左为螺口式，右为插口式）。螺口式灯泡在电接触和散热方面性能更为优越，功率超过 300W 的一般都必须采用螺口式灯头。

图 2-17　螺口式和插口式白炽灯

白炽灯的优点是价格低且实用性强，可以用于各类环境。但缺点是发光效率低，寿命短。在所有用电的照明光源中，白炽灯的光效是最低的，在发光的过程中只有很少的一部分能量转化为光能，大多数都以热能的形式散失，所以白炽灯没开多久，灯泡摸上去就会很烫。而且白炽灯的使用寿命也比较短，通常不会超过 1000h。但是白炽灯的光色、集光性能好，同时造价低廉，因而在应用上也是非常广泛的。随着各种节能灯泡的出现，传统的白炽灯泡将慢慢被取代。

2. 卤钨灯

卤钨灯也叫作卤素灯，是在白炽灯的基础上进行技术改进而生产出来的照明光源。卤钨灯发光原理和白炽灯完全相同。卤钨灯性能的提高在于玻璃壳内不但被抽成真空，充入了适量的惰性气体，如氩气、氮气灯，而且还充入了化学卤族元素及其卤化物，如碘、溴、溴化氢等。白炽灯因为灯丝的高温造成钨的蒸发，产生灯泡玻璃壳发黑的现象。而卤钨灯通过充入含有卤族元素或卤化物的气体，解决了灯泡发黑这个问题，而且还延长了灯泡寿命和提高了光效。如果充入的是碘化物，则称为碘钨灯；如果充入的是溴化物，则称为溴钨灯。相比而言，溴钨灯的光效会略高于碘钨灯。同时因为卤钨灯的管壁温度要比普通白炽灯高得多，所以灯泡必须使用耐高温的石英玻璃或硬玻璃。需要注意，卤钨灯发光热量很高，容易导致周边温度升高，因此必须装在专用的隔热装置金属灯架上，切忌安装在易燃的木质灯架上，以防发生火灾。

卤钨灯与同功率白炽灯相比，体积小、效率高且集中，因而可使照明灯具尺寸缩小，便于光的控制，适用于体育场、广场、舞台、厂房、机场车站、摄影等。此外，相对白炽灯，卤钨灯使用寿命长，最高可达 2000h，平均寿命 1500h，是白炽灯的 1.5 倍。

3. 荧光灯

荧光灯即低压汞灯，常被称为日光灯，是所谓的第二代光源，如图 2-18 所示。荧光灯所散发来的光线比钨丝灯泡要强，光线偏冷，略带青色。荧光灯是利用低气压的汞蒸气在放电过程中辐射紫外线，从而使荧光粉发出可见光的原理发光。荧光灯管可以生产出各种大小、长度和颜色，在室内装修中多用作暗藏灯，形成成片的光芒效果，如图 2-19 所示。

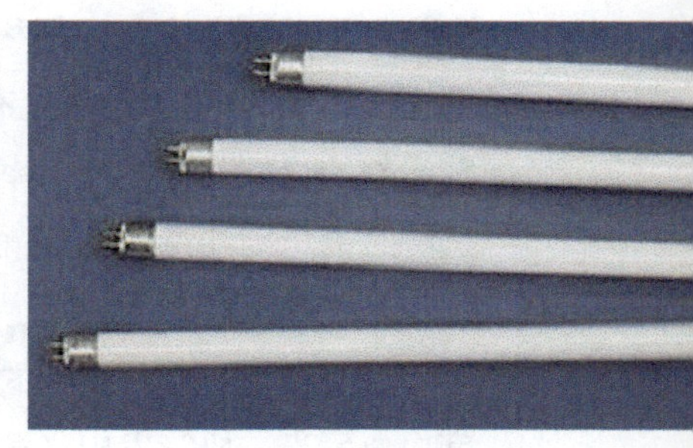

图 2-18　荧光灯

一般的荧光灯管不能单独使用，必须与镇流器、起动器等配合使用。不同规格的荧光灯管，需配用相应规格的镇流器和起动器，不能随意搭配。市场上还有一种电子式镇流器，采用该镇流器无须加装起动器，因而目前应用也非常广泛。

图 2-19　暗藏荧光灯光芒效果

按照灯管直径分类，常见荧光灯的种类有 T4、T5、T8、T10、T12 五种。T5 直径为 15mm，T8 直径为 25mm，T10 直径为 32mm，T12 直径为 38mm。按照类型分，荧光灯主要有直管形荧光灯和环形荧光灯。直管形荧光灯是最为常见的荧光灯类型，有各种颜色。环形荧光灯，有 U 形、H 形、双 H 形、球形、SL 形、ZD 形等各种形状。除形状不同外，环形荧光灯与直管形荧光灯没有多大差别。

荧光灯使用寿命长，灯管寿命可达 3000h 以上，发光效率高，其发光效率比白炽灯大约高三倍，灯光线柔和，灯管发光面积大，亮度高，眩光小，不装灯罩也可以使用。除了比较省电和耐用外，荧光灯还非常经济实惠，所以应用非常广泛。但是荧光灯的频闪是最为严重的。频闪即为光源每秒闪动的次数，频闪大的光源对眼睛伤害最大。此外，荧光灯不能频繁开闭，启动次数对灯管使用寿命有很大影响，所以一般荧光灯使用寿命取决于它的开闭次数。而且荧光灯灯管的启动也受环境温度的影响，当环境温度低于 15℃时，启动就困难，最合适的温度是 18℃ ~ 25℃。

1974 年，荷兰飞利浦首先研制成功了稀土元素三基色荧光粉，它的发光效率高约为白炽灯的 5 倍，热辐射仅 20%，用它作荧光灯的原料可大大节省能源，因而这种荧光灯也常被称为节能荧光灯。在同一功率之下，一盏节能灯比白炽灯节能 80%，平均寿命延长 6 ~ 8 倍，因此可以说，稀土元素三基色荧光粉的开发与应用是荧光灯发展史上的一个重要里程碑。

紧凑型节能荧光灯，其灯管、镇流器和灯头紧密地联成一体，其中镇流器放在灯头内，

因为无法拆卸，所以被称为“紧凑型”。紧凑型节能荧光灯大多使用直径 9 ~ 16mm 细管弯曲或拼接成 U 形、H 形、螺旋形等形状，缩短了放电的线型长度。紧凑型荧光灯售价甚至可以达到白炽灯泡的 10 倍，但寿命是后者的 6 倍以上，而且同等亮度的产品，耗电量不足白炽灯泡的四分之一。但稀土元素三基色荧光粉也有其缺点，其最大缺点就是价格高，为普通卤粉的 30 倍。市场上有不少荧光灯采用卤粉或稀土三基色荧光粉掺卤粉的混合粉制作荧光灯的涂层，其发光效率比稀土三基色荧光粉低得多，显色指数低，光衰严重，寿命短，选购时需特别注意。

4. LED 灯

LED 灯是目前最新型的节能灯，有时市场上称 LED 灯为 LED 节能灯。LED 灯是用高亮度白色发光二极管发出光源，具有体积小、重量轻、亮度高、能耗低、寿命长、安全性高、色纯度高、维护成本低、环保无污染等优点，所以被称为第四代照明光源或绿色光源。

最初 LED 只是用作电器、机器、仪表的指示光源，如电脑、电视指示灯。随着 LED 技术的进步，LED 进入大众化的时代正在迅速到来。目前国家越来越重视照明节能及环保问题，已经在大力推广使用 LED 灯。

LED 灯发热小，耗电量少，90% 的电能能够直接转化为可见光，其能耗仅为白炽灯的 1/10，普通荧光节能灯的 1/4。同时 LED 节能灯可以无故障工作达到 50000 ~ 100000h（普通白炽灯使用寿命约为 1000h，普通节能灯使用寿命约为 8000h），长时间工作也不会出现问题。

LED 灯还具有性能稳定，抗冲击，耐振动性强的优点。此外，LED 照明产品能提供优质的光环境，提升照明系统的光效，没有红外和紫外的成分，显色性高并且具有很强的发光方向性；调光性能好，色温变化时不会产生视觉误差；冷光源发热量低，可以安全触摸；改善眩光，减少和消除光污染。可以频繁快速开关，在使用时不会出现频闪现象，不会使眼睛产生疲劳现象，可保护视力，预防近视。无电磁辐射，杜绝辐射污染。它既能提供令人舒适的光照空间，又能很好地满足人的生理健康需求，是环保的健康光源。LED 节能灯样图如图 2-20 所示。与其他光源相比，LED 灯的缺陷是对温度比较敏感，如果温度上升 5℃，光通量就会下降 3% 左右。

图 2-20　LED 节能灯样图

5. 其他常见光源

（1）高压气体放电灯（HID）

气体放电灯可分为低压气体放电灯和高压气体放电灯。像荧光灯（又叫低压汞灯）、低压钠灯即属于低压气体放电灯。HID 是 high intensity discharge 高压气体放电灯的英文缩写，主要有荧光高压汞灯、高压钠灯、金属卤化物灯等品种。像光照度极强的车灯即属于高压气体放电灯的品种。高压气体放电灯除了广泛地应用于汽车照明外，在公共场所应用也较为广泛，如图 2-21 所示。

① 高压汞灯（HPMV）：汞即是我们俗称的水银，所以高压汞灯又称高压水银灯。高压汞灯仅有中等的光效及显色性，但是照度较高，因此主要应用于室外照明及某些工矿企业的室内照明。需要注意的是，高压汞灯一旦关闭不能立即再次启动，必须要冷却 5 ~ 10min 待管内气压下降后才能再次启动。高压汞灯按结构分为外镇流高压汞灯和自镇流高压汞灯两种。相比而言，自镇流高压汞灯使用寿命较短，但是光色效果好，而且价格低。

② 高压钠灯（HPS）：在所有高强度气体放电灯中，高压钠灯的光效最高，并且有很长的寿命，可以达到 20000h 以上。高压钠灯使用时会发出金白色光，被广泛应用于高速公路、机场、码头、停车场、车站、广场、公园、宾馆、商场等场所照明。高压钠灯启动时间比较长，在正常工作条件下，整个启动过程约需 10min。

③ 金属卤化物灯（M-H）：金属卤化物灯是在高压汞灯和卤钨灯工作原理的基础上发展起来的新型高效光源，是高压气体放电灯中最复杂的灯种。金属卤化物灯的光辐射是通过激发金属原子产生的，通常包括几种金属元素，所以被称为金属卤化物灯。金属卤化物灯能发出具有很好显色性的白光，所产生的光比其他光源更接近自然光。金属卤化灯平均可用 15000 ~ 20000h，适用于需要高发光效率、高品质白光的所有场合。

（2）低压钠灯

低压钠灯是利用低压钠蒸气放电发光的电光源，钠和汞（水银）一样也可作为放电管中的发光蒸气，灯管内放入适量的钠和惰性气体，就成为钠灯。低压钠灯是光衰较小和发光效率最高的电光源。低压钠灯的寿命一般为 15000h 以上。光衰比其他光源小，寿终时尚可达到 80% ~ 85% 的初始光通值。低压钠灯样图如图 2-22 所示。

图 2-21　高压气体放电灯样图

图 2-22　低压钠灯样图

低压钠灯发出的是单色黄光，其“透雾性”非常出色，常作为道路、航线及机场跑道的标志。同时低压钠灯节能性较好，是替代高压汞灯达到节约用电的一种高效灯种，应用越来越广泛。

（3）氙灯

填充氙气的光电管或闪光电灯被称为氙灯，氙灯分为长弧氙灯、短弧氙灯和脉冲氙灯三类。由于荧光灯的功率是受限制的，在正常的生活使用中，厂家基本上都做成 5 ~ 100W。而氙灯功率可以制作成从一万瓦到几十万瓦的各种品种。功率越大，在工作时温度则高，仅靠自然冷却就没办法让温度降下来，这样就需要强迫冷却，一般用风冷，或者用水冷降温。

氙灯是一种物理光性能接近日光的灯，尤其是长弧氙灯发出的光谱和日光非常接近，这是氙灯的最大特点。氙气高压灯辐射发出很强的紫外线，可用于医疗，制作光谱仪光谱。氙灯的发光效率较高，一般寿命可达 3000h。一盏 50000W 的氙灯所发出的光相当于 1000 盏 100W 的日光灯或 90 盏 400W 的高压汞灯。一般适用于广场、公园、体育场、大型建筑工地、露天煤矿、机场等地方的大面积照明，还可以用作电影摄影、彩色照相制版、复印等方面的光源。因为它发光接近日光，所以还可用于颜色检验和植物栽培等方面模拟日光。各式氙灯样图如图 2-23 所示。

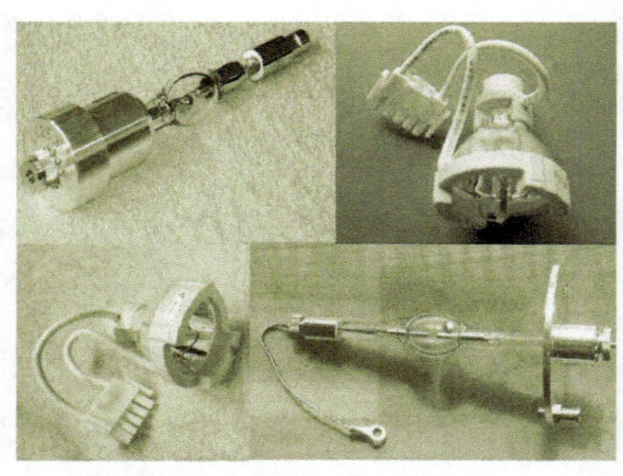

图 2-23　各式氙灯样图

2.6.2　装饰灯具的主要种类及选购要点

1. 主要种类

从目前的设计趋势看，灯具已经不仅仅是一种照明用工具，更成为了室内装饰的重要装饰品。尤其是各类灯具发出的光色效果为室内设计增添出更多韵味和艺术品位。灯具的种类很多，平常按照灯具的不同安装方式，可以分为吊灯、吸顶灯、壁灯、台灯、落地灯、筒灯和射灯等。

（1）吊灯、吸顶灯

吊灯是所有灯具中装饰性最强的一种，它用吊杆、吊链、吊索等垂吊在顶棚下，这也是吊灯和吸顶灯唯一的不同。吊灯有固定式和伸缩式两种。固定式吊灯的高度在安装之后不能改。伸缩式吊灯则可以在使用时，将灯的高度调节到适当位置，当不用时就可以将灯移到贴近天花板，拉长整个房间的高度，对于层高较低的空间可以采用伸缩式吊灯。

图 2-24　水晶吊灯

吊灯种类繁多，造型也多样，各种材料（如金属、玻璃、水晶、亚克力、竹编、木制等）都被广泛应用于吊灯的制作中，成为营造居室效果的重要装饰元素。以目前最为流行的水晶灯为例，其晶莹剔透的外形，璀璨夺目的效果可以给居室带来一种雍容华贵的感觉，如图 2-24 所示。吊灯又分为多头吊灯和单头吊灯，如图 2-25 所示。

吸顶灯在材料和造型的制作上可以和吊灯完全一样，它们之间的区别在于吸顶灯没有吊杆，灯具顶部直接贴近顶棚，外观感觉好像灯具吸附于顶棚上一样，所以称为吸顶灯。吸顶灯在视觉上没有吊灯那么大气，但给人以温暖亲切的感觉，适合于层高不是很高的空间。直径在 200mm 左右的吸顶灯适宜在过道、卫生间、厨房内使用；直径在 400mm 以上的吸顶灯适宜在面积较大的房间中使用。吸顶灯效果如图 2-26 所示。

相对而言，吊灯适合用在层高较高的空间，而吸顶灯则更适合一些层高较低的空间。一

图 2-25　多头吊灯与单头吊灯效果

般而言，吊灯悬挂的高度要求离地面至少 2m，所以层高低于 2.7m 都不大适合采用吊灯（餐厅空间除外，吊灯可以只距餐桌面 65 ~ 85cm）。由于目前不少住宅层高都是在 2.7m 甚至 2.7m 以下，因而盲目使用吊灯显然是不合适的，小空间使用吊灯反而容易造成一种压抑的感觉。

图 2-26　吸顶灯效果

（2）壁灯

壁灯是固定于墙面和柱面的装饰性灯具，有局部点缀辅助灯光效果的作用，多用于床头、梳妆台、走廊、门厅等处的墙面或者柱面上。它的种类和样式较多，常见的有吸项式壁灯、变色壁灯、床头壁灯、镜前壁灯等。壁灯的安装位置应略高于人站立时眼睛的高度。其照明度不宜过大，这样更富有艺术感染力，如图 2-27 所示。

图 2-27　壁灯的应用

壁灯早些年使用非常广泛，但近年来在室内的应用相对于其他类型灯具而言是比较少的。究其原因在于，壁灯需要固定于墙面，不能移动，在使用上不如台灯方便。而在造型上，台灯和壁灯同样都做得非常漂亮，但是壁灯需要专门的安装，这也是比较麻烦的，因而壁灯在很多情况下都被台灯所替代。但也正是因为壁灯固定在墙面不能移动，所以也就没有不小心摔落地面的危险。正因为这个原因，壁灯被广泛地应用于酒店。

（3）台灯、落地灯

台灯是可以随意移动的灯具。它的工作原理主要是把灯光集中在一小块区域内，集中光线，便于工作和学习。一般台灯用的灯泡是白炽灯或者节能灯泡，多用于客厅茶几、卧室床头柜和书房写字台上。台灯造型和色彩千变万化，大体上可以分为两种类型：工艺台灯和书写台灯。工艺台灯强调艺术造型和装饰效果，书写台灯主要用于阅读和书写，在造型上相比工艺台灯显得更为简洁。

落地灯在造型上可以和台灯一样。一般这样来区分台灯和落地灯：放在桌上的是台灯，直接放在地上的是落地灯，如图 2-28 所示。相对而言，落地灯的灯杆要比台灯长很多，更多是放置在沙发、茶几旁边。台灯、落地灯既可以作为一个小区域的主灯，又可以通过照度的不同和室内其他光源配合出环境光色变化，同时也可以凭自身独特的造型成为室内不错的摆设。

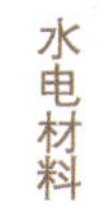

（4）筒灯

图 2-28　落地灯、台灯应用效果

筒灯是一种嵌入式灯具，一般是将筒灯嵌入天花中，起到一种辅助照明的作用，但也可以安装多个筒灯作为主照明使用，如图 2-29 所示。在大空间如商场、会议室、电影院等也经常作为主照明光源。不少筒灯还可以调节角度，照射各个不同的方向。现在比较流行的是多头筒灯，即将几个筒灯拼装在一个框架内，如图 2-30 所示。

图 2-29　用于主照明的筒灯组

图 2-30　多头筒灯效果

（5）射灯

射灯和筒灯的区别在于筒灯嵌入天花，而射灯多挂于天花上。射灯在造型上相比筒灯显得更为现代和时尚，实用性能更好。射灯作用是将光束集中照射于某处，起到突出强化设计的作用。比如将射灯光束集中于装饰背景墙或者装饰画上就是一种常见的方式，如图 2-31 所示。射灯一般都配有各种灯架，可以随意调节射灯的角度和位置。射灯中还有一种轨道射灯，就是将射灯固定在一条长轨道上，如图 2-32 所示。多个射灯组合的轨道射灯不仅具有很好的装饰效果，还能像吊灯或吸顶灯那样起到主照明的作用。

图 2-31　射灯应用

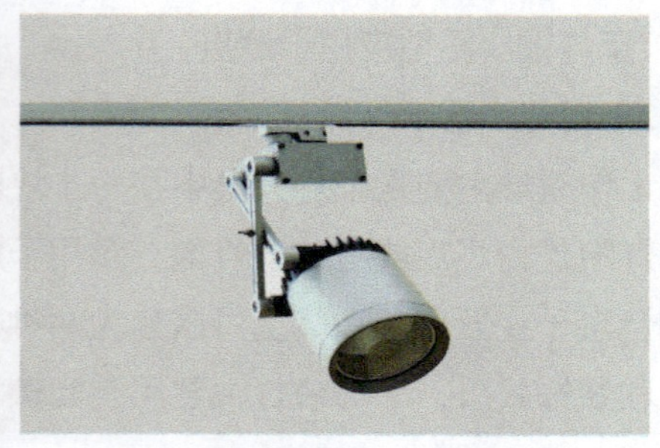

图 2-32　轨道射灯

（6）浴霸

浴霸是通过特制的防水红外线灯和换气扇的巧妙组合将浴室的取暖、红外线理疗、浴室换气、日常照明、装饰等多种功能结合于一体的浴用小家电产品。它的出现改变了传统的繁琐而低效的沐浴方式。同时，照明灯和换气扇的融入又使这些浴室必需设备整齐划一，从而美化了卫浴空间。浴霸能瞬间使浴室取暖范围内温度升高，彻底解决了人们冬季在家洗浴的寒冷问题。此外，其换气功能可有效地排除雾气、浊气，保持浴室内空气清新，还可随意调节温度。浴霸样图如图 2-33 所示。

图 2-33　浴霸样图

市面上的浴霸一般可分为灯泡类、风暖类、碳纤维类等几种。其中，灯泡类浴霸是目前使用最多的一种，其价格低，起暖快，无需预热，即开即用，但在使用的时候会产生强光，光线较为刺眼。风暖类的浴霸选择空间较大，也无刺眼的强光，但是在使用时需要提前预热，起暖较慢。碳纤维浴霸是近几年出现的产品，既无强光也不需预热，但是目前生产这种产品的厂家较少，价格较高。还有一种光暖型浴霸采用红外线取暖泡，洗浴时具备理疗保健功能。

2. 选购要点

在家装里，七彩的灯饰已成为个性家居的点睛之笔，一个漂亮的灯具更能凸显房子的美，于是对灯具的色彩、光效、搭配布置等的挑选也是一门大学问。

（1）灯具色彩

要注重与室内窗帘、家具的颜色搭配，使整个室内布置形成一个完美的艺术整体。尤其是灯罩的色彩，对气氛起的作用是很大的。例如，乳白色玻璃罩不但本色纯洁，而且反射出来的灯光也显柔和，能营造一种静谧的气氛；色彩浓艳的透明玻璃罩，不但本色华丽，而且反射出来的灯光也很绚丽多彩，能营造一种豪华的气氛。

（2）节能性

灯饰不仅要考虑美观，节能环保也是不容忽视的问题，建议选择最好能配置节能灯的灯饰，可为日常使用节约不少钱。

（3）材质

材质选择是最容易让消费者迷糊的问题，也最容易让商家以次充好。建议可从支架、布罩等几方面选择，一般高质量的灯饰，多用纯铜作支架，用铝合金或铁制的支架，耐用度相对没那么高，因此在选购中，可自带一块磁铁，如果是铁质，则用磁铁吸一下就检验出来了。此外，如果是选购水晶灯饰，则可以通过比较水晶吊饰的重量、切面、是否含杂质等检验，一般手感较深、切面较多且对光照射里面看不到气泡和杂质，则说明质量不错。

（4）搭配布置

由于照明灯具是居室装饰的有机组成，因此，它的样式、材质和光照度都要和装饰风格相统一，并按照这个原则去选购照明灯具。例如，如古典传统的装潢宜配充满怀旧韵味的典雅灯饰，富有现代感的布置则宜配简明前卫的科技灯饰。

（5）浴霸选购

选购浴霸，一定要注意其是否有足够的安全性，灯泡要严格防水、防爆；其灯头应采用双螺纹以杜绝脱落。此外，挑选浴霸时最好选取暖灯泡外有防护网的产品。优质品牌的产品采用了石英硬质玻璃，热效率高，省电，并经过严格的防爆和使用寿命的测试，所以，

应尽可能选用知名品牌的产品，并且还应检查其是否有3C认证标志，以及售后服务、保修年限等。

2.7 PPR给水管

PPR给水管是目前室内应用最广泛的一种管道材料，在家居水路改造中应用尤其广泛。

2.7.1 PPR给水管的概述及配件

PPR给水管学名叫“无规共聚聚丙烯”，属于聚丙烯产品的第三代，此外还有一些诸如PPH和PPB的水管材料，也属于聚丙烯大家族的成员，在性能上不及PPR给水管，市场上有些商家利用其相似的特点，用PPH和PPB管冒充PPR给水管进行销售。

PPR给水管的管径可以从16mm到160mm，一般常用的是管径20mm和25mm这两种，市场上通常俗称为4分管和6分管。PPR给水管分为冷水管和热水管两种，区别是冷水管上有一条蓝线，而热水管则是一条红线。相比而言，热水管的耐热性更好，在水温为70℃以内、压力10Pa以下，其理论寿命可以达到50年。冷水管对于热水的耐受性较差，所以不能用冷水管替代热水管，但是可以使用热水管替代冷水管。PPR冷热水管如图2-34所示。

通常来说，水管最容易出现的问题就是渗漏，而渗漏最容易出现的地方就是在管材和接头的连接处。PPR给水管最大的优点在于其能够使用热熔器将管材和接头热熔在一起，使其成为一个整体，这从而最大程度地避免了水管的渗漏问题，如图2-35所示。此外，PPR给水管还具有施工方便的优点，采用的是热熔即插连接，无需套丝，数秒钟就可完成一个接头连接，所以格外受到装饰施工部门的推崇。

图2-34 PPR冷热水管

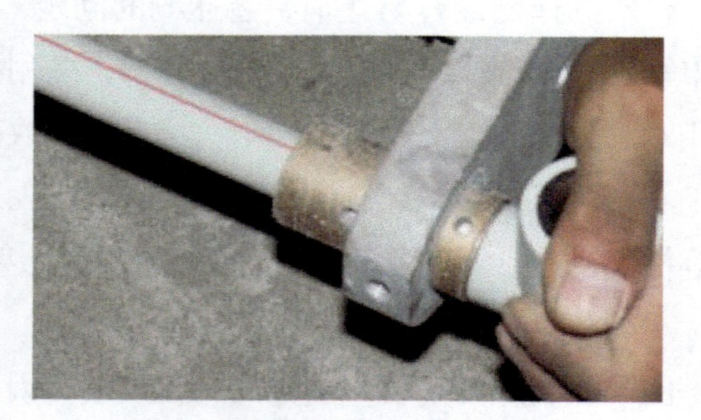

图2-35 将管材和接头热熔在一起

PPR给水管也有其自身问题，其耐高温性和耐压性稍差，过高的水压和长期工作温度超过70℃，也容易造成管壁变形；同时PPR给水管长度有限，且不能弯曲施工，如果管道铺设距离长或者转角较多，在施工中就要用到大量接头。但是从综合性能上来讲，PPR给水管可以算是当前最好的水路改造管材。

PPR给水管还有不少与之配套的配件，这些小配件种类繁多，常用的有三通、管套、弯头、直接等，这些配件起着连接、分口、弯转 PPR 给水管的作用，可以根据施工的需要选用，如图 2-36 所示。

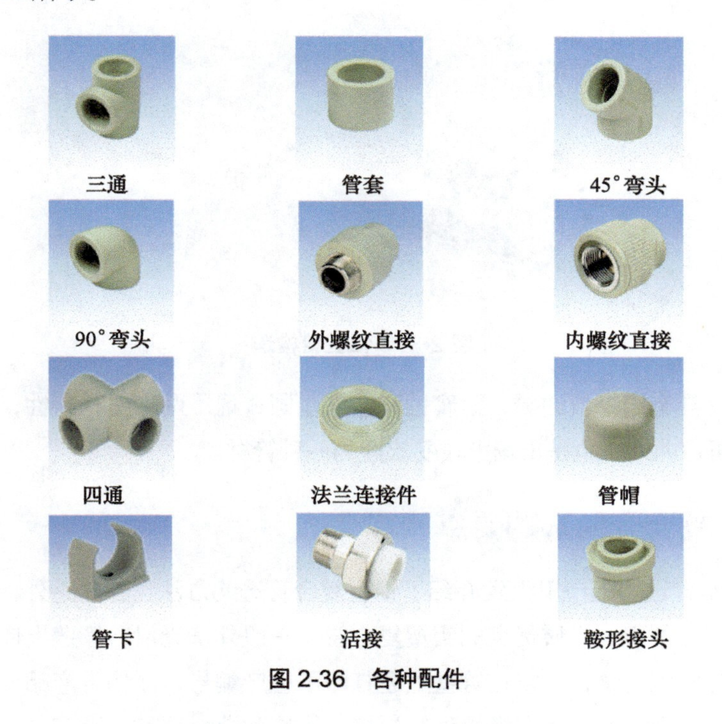

图 2-36　各种配件

2.7.2　PPR给水管的选购要点

水路材料主要有 PPR 管、铝塑管、铜管、PVC 管和镀锌铁管等种类，但由于铜管应用极少，而 PVC 管和镀锌铁管又处于淘汰边缘，这里就重点介绍 PPR 管和铝塑管的选购。

① 管材表面光滑平整，无起泡，无杂质，色泽均匀一致，呈白色亚光或其他色彩的亚光。好的 PPR 管应该完全不透光，不好的 PPR 管则轻微透光或半透光。在明装施工中，透光的 PPR 管会在管壁内部因为光合作用滋生细菌，而铝塑管因为其中间的铝层则不会有这方面问题。

② 管壁厚薄均匀一致，管材有足够的刚性，用手挤压管材，不易产生变形。

③ 不管是 PPR 管还是铝塑管都属于复合材料，好的复合材料没有怪味和刺激性气味。

2.8　铝塑复合管

2.8.1　铝塑复合管的概述

铝塑管又叫作铝塑复合管，也是目前市面上较为常用的一种管材。铝塑管是一种由中间纵焊铝管、内层聚乙烯塑料、外层聚乙烯塑料以及各层之间热熔胶共同构成的新型管材，

如图 2-37 所示。

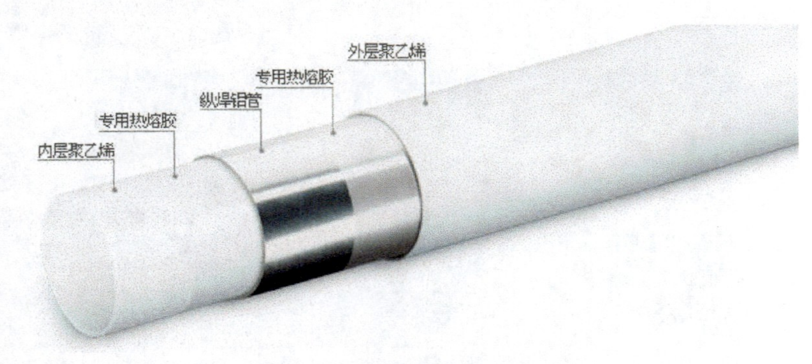

图 2-37　铝塑管构造

铝塑管同时具有塑料抗酸碱、耐腐蚀和金属坚固、耐压两种材料特性，同时还具有良好的耐热性和可弯曲性，也是市场上较受欢迎的一种管材。

2.8.2　铝塑复合管的选购要点

在 PPR 给水管选购一节里大致介绍了铝塑复合管选购方法，除此之外，还需要注意两点：一是检查产品外观，品质优良的铝塑复合管，一般外壁光滑，管壁上商标、规格、适用温度、长度等标识清楚，厂家在管壁上还打印了生产编号，而伪劣产品反之；二是细看铝层，好的铝塑复合管，在铝层搭接处有焊接，铝层和塑料层结合紧密，无分层现象，而伪劣产品则不然。

2.9　其他给水管道材料

2.9.1　镀锌铁管的概述及应用

镀锌铁管已有上百年的使用历史，在国内以前几乎所有给水管都是镀锌铁管，现在仍有不少老房子使用着镀锌铁管，如图 2-38 所示。

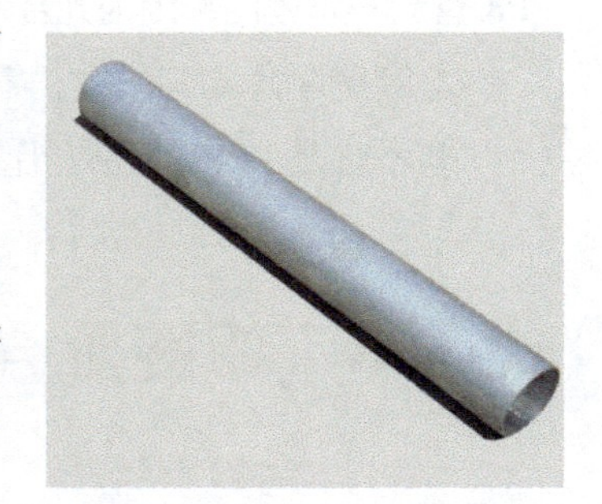

图 2-38　镀锌铁管样图

镀锌铁管作为水管有易生锈、积垢的问题。使用几年后，管内会产生大量锈垢，锈蚀造成水中重金属含量过高，会严重危害人体的健康。而且镀锌管不保温，容易发生冻裂，目前已经趋于淘汰的边缘。现在镀锌铁管更多是被用作煤气、暖气管道以及电线套管。

市场上有一种新型镀锌管，其内部是镀塑的，这样就一定程度上解决了镀锌铁管的固有问题。但是目前应用也不是很广泛。

2.9.2 铜管的概述及应用

铜管在国内应用不是很多，但在国际上尤其欧美等发达国家使用最多的给水管材就是铜管，几乎占据垄断地位。铜管最大的优点就在于其具有良好的卫生环保性能。铜能抑制细菌的生长，99% 的细菌在进入铜水管的 5h 后消失，确保了用水的清洁卫生。同时铜水管还具有耐腐蚀、抗高低温性能好、强度高、抗压性能好、不易爆裂、经久耐用等优点，是水管中的上等品，如图 2-39 所示。在很多较高档的卫浴产品中，铜管都是首选管材。

图 2-39 铜管样图

铜管接口的方式有卡套和焊接两种。卡套方式长时间使用后容易变形渗漏，所以最好还是采用焊接方式。焊接后铜管和接口也和 PPR 水管一样，基本上成为一个整体，解决了渗漏的隐患。铜管最大问题就是造价高，这也是影响其在国内广泛应用的主要原因，目前国内只有在一些如五星级酒店和高档住宅小区才有使用。此外，铜管还有一个问题就是导热快，所以市场上很多铜热水管外面都覆有一层防止热量散发的塑料或发泡剂。市场上有一种铜塑复合管，其构成原理和铝塑管基本上是一样的，区别只在于将铝材改为更加环保的铜材。

2.9.3 不锈钢管的概述及应用

不锈钢管主要用于水输送，是最好的直接饮用水输送管材。其选材方面十分讲究，耐高温、耐高压、经久耐用。不锈钢管道内壁光滑，长期使用不会积垢，不易被细菌污染，对供水管来说，选用不锈钢管道是最有利于健康的。不锈钢管不仅耐久耐用，还很节能环保，漏水率很低，可以节约宝贵的水资源。另外与铜水管相比，不锈钢水管的通水性好，在流速高的情况下不腐蚀。它的保温性也是铜管的 24 倍。不锈钢管样图如图 2-40 所示。

图 2-40 不锈钢管样图

按生产方法，不锈钢管可分为无缝管和焊管，其中无缝管包括冷拔管、挤压管、冷轧管等；焊管又可以按工艺或焊缝来分，前者有气体保护焊管、电弧焊管、电阻焊管（高频、低频）等，后者包括直缝焊管、螺旋焊管等。

按壁厚可分为薄壁钢管、厚壁钢管。

按材质可分为 304 不锈钢水管、304L 不锈钢水管、316 不锈钢水管、316L 不锈钢水管等。

2.10 UPVC排水管

2.10.1 UPVC排水管的概述

UPVC 管是一种以聚氯乙烯（PVC）树脂为原料，不含增塑剂的塑料管材。UPVC 排水管因为良好的物理化学性能、安装方便等优点，在国内外建筑工程排水管道中已经得到越来越广泛的应用。

UPVC 管的物理化学性能与传统铸铁管相媲美，UPVC 管材属热塑性塑料制品，由 PVC 加热成熔融状态（150℃ ~ 200℃），含 56% 左右阻燃元素氯，属难燃材料，其抗腐蚀、抗老化、耐磨性能使其稳定地使用，从而降低了更换维修的频率，降低了运行费用以及材料的自然损耗，有利于建筑物的长期使用，也增加了使用的安全性和可靠性。但 UPVC 排水管的承压能力较低，普通管壁的 UPVC 排水管的承压能力不足 0.4MPa，与之相配套的伸缩节的承压能力更低，所以 UPVC 排水管最好不要用在高层排水的横干管上，也不能用在高层建筑的雨水排水管道上，一旦横干管堵塞，则可能损失严重。UPVC 管样图如图 2-41 所示。

图 2-41　UPVC 排水管样图

2.10.2 UPVC排水管的选购要点

① 针对目前最常见的白色 UPVC 排水管，质量好的颜色为乳白色且均匀，内外壁均比较光滑但又有点韧，而比较次的 UPVC 排水管颜色就有些发黄，且较硬。有的颜色不均，有的外壁特别光滑，而内壁显得粗糙，有时有针刺或小孔。

② UPVC 排水管的韧性是非常关键的指标。当我们将韧性大的管锯成窄条后，试着将管折 180°，如果一折就断，说明韧性很差，脆性大；如果很难折断，说明韧性不错。最后可观察断茬（锯的茬口除外），茬口越细腻，说明管材均化性、强度和韧性越好。

③ UPVC 排水管的抗冲击性，也可用简单的办法大致判断。可选择室温接近 20℃的环境，将锯成 200mm 长的管段（对 110mm 管），用铁锤猛击，好的管材，用人力很难一次击破（管越粗，承力越大）。

④ 有条件的用户，可将管材制成哑铃形，平行窄处宽 6mm，5mm/min 拉力速度做拉伸强度，大于 10MPa 为合格。拉伸越长，管材越好。

⑤ 用户选择 UPVC 排水管时，应到有信誉的经销点选择大型的知名企业的产品，或到知名品牌的直销点选购。一般来说，路边小经销点销售的杂牌 UPVC 管合格率不足 20%。

2.11 卫浴洁具

随着生活水平的提高，卫生间的布置和装饰也同样受到了重视，各种人性化、多功能、造型多样的卫浴产品应运而生。卫浴洁具产品的材料也呈现多元化发展趋势，除了传统的陶瓷外，各种材料如不锈钢、亚克力、玻璃、实木等都被广泛应用于卫浴洁具产品的生产中。

2.11.1 卫浴洁具的主要种类及应用

1. 水龙头

家庭生活中，每天都要用到水龙头，水龙头的好坏直接影响日常生活。日常生活中常见的水龙头按材料分，有金属、塑料、玻璃、陶瓷、合金等种类。按功能分，有冷热水龙头、面盆龙头、浴缸龙头和淋浴龙头。

随着科学技术的发展，水龙头也出现了一些新的技术，如智能磁化水龙头、电热水龙头等高科技含量的水龙头。智能磁化水龙头在手伸向水龙头下时，水龙头会自动打开，手离开后水龙头会自动关闭，这样就避免了忘记关闭水龙头造成的浪费。电热水龙头构造上包括水龙头本体及水流控制开关。在水龙头本体内设有加热腔和电器控制腔，水流过时可以加热，适合在冬季这样寒冷的季节使用。

不管是何种类型的水龙头，最关键的部位就是其阀芯。水龙头的阀芯主要有三种：铜、陶瓷和不锈钢。其中陶瓷阀芯的水龙头的优点是精密耐磨，对水质要求较高，但陶瓷质地较脆，容易破裂；不锈钢球阀具有较高科技含量，一些高档卫浴产品均采用它作为其水龙头产品的阀芯。不锈钢球阀最大优点就在于其经久耐用，对水质要求不高，由于目前国内城市用水的水质普遍不高，因而采用不锈钢球阀较适合；铜阀芯问题较多，比较容易出现漏水和断裂现象，目前较少采用。水龙头也有各类风格，简约、古典、现代等，如图 2-42 所示。

图 2-42　各类风格水龙头

2. 洗手盆、洗手台

洗手盆也叫作洗面盆，早期洗手盆大多为陶瓷所制，造型简单，只讲究功能使用。现在洗手盆在外观上已经大有改进，材料上也呈多样性发展，用于卫浴空间相当于一件精美装饰品。

按材料分，洗面盆主要有陶瓷面盆、玻璃面盆、人造石面盆等种类。陶瓷面盆是目前市场上的主流产品，有着悠久的历史，其表层釉面光洁、易清理，同时陶瓷面盆价格实惠，是主流首选。玻璃面盆是目前市场上的新宠，其外观晶莹剔透，时尚大方，有透明、磨砂、印花等多种类型和颜色，受到市场的追捧。人造石面盆外观简洁大方，出厂时多和洗面台

柜搭配在一起，显得统一整体。各类洗面盆样图如图 2-43 所示。

图 2-43 各类洗面盆样图

图 2-44 搭配效果

目前不少卫浴洁具产品都是搭配在一起出售的，这样就可以避免各类产品之间风格的不协调。尤其是洗面盆，通常还会跟一个柜体相搭配，既可以与洗面盆在设计风格上相呼应，又可以起到隐蔽管道设施的作用，如图 2-44 所示。

3. 浴缸

一天的忙碌紧张工作后，在浴缸中泡一泡无疑可以使身体舒适，精神放松。尤其是现在市场上出现了各种款式的按摩浴缸，泡澡的同时还能起到按摩的功效，对于身心的放松更具功效。浴缸种类如图 2-45 所示。

按照材料分，现在市场上主流浴缸大致分铸铁、钢板、亚克力三大类。此外还有陶瓷、树脂等材料制成的浴缸，尤其是陶瓷浴缸，在早年间是浴缸市场的主流产品，但目前已经基本上被亚克力材料的浴缸所取代，在市场上比较少见了。各类浴缸介绍如表 2-1 所示。

图 2-45 各类浴缸

表 2-1 各类浴缸的介绍

浴缸类型	概念	优点	缺点
铸铁浴缸	以铸铁成型，再在表面镀搪瓷制成	表面光洁平整，防污垢，易清洗，坚固耐用，寿命长	价格较高，而且因为铸铁的良好导热性所以保温性也较差，颜色及造型受工艺限制比较单一。此外，铸铁浴缸很重，不易挪动和搬运，因而在安装过程中比较麻烦，也容易被磕坏

（续表）

浴缸类型	概念	优点	缺点
钢板浴缸	以钢板成型，再在表面镀搪瓷而成，在生产工艺上和铸铁浴缸类似	其优点与铸铁浴缸类似，但是价格相对较低，重量也比铸铁浴缸轻，便于运输和安装	钢板浴缸造型比较单调，保温效果也不太好。另外，钢板浴缸如果厚度太薄，运输、安装和使用时浴缸局部容易受力变形，严重的还会出现暴釉现象
亚克力浴缸	目前市场上的主流浴缸产品，其表面是聚丙酸甲酯，背面为树脂石膏加上玻璃纤维，以真空方法处理制成	保温性能很好且价格便宜。品质好的亚克力浴缸可以长久保持亮丽的外观，使用寿命可达10年以上	表面硬度不够，硬物及尖锐物体与浴缸直接碰撞，容易造成损坏

除了这些浴缸，现在市场上还有一种仿古的木桶，也可以代替浴缸使用，因为其独特的造型和纯实木制造而受到了市场上的追捧。从功能上看，除了以上这些传统浴缸，还有一种是按摩浴缸。按摩浴缸可以通过浴缸内水流循环和喷冲，达到按摩身体的作用。具体功效如何因人而异。木桶及按摩浴缸样图如图2-46所示。

图2-46 木桶及按摩浴缸样图

4. 淋浴房

浴缸提供的是泡澡的功能，淋浴最适合的无疑是目前市场上最热销的各类淋浴房。目前市场上淋浴房的基本构造都是底盘加围栏。底盘质地有陶瓷、亚克力、玻璃钢等，围栏上安有塑料或钢化玻璃门，可以方便进出。淋浴房安装淋浴喷头，洗浴时将门拉上，水就不会溅到外面。淋浴房按照底盘的形状不同可以分为方形、圆形、扇形、钻石形等，如图2-47所示。

图2-47 各式淋浴房

从功能上看，市场上的淋浴房可分为淋浴屏（最简单的淋浴房）、电脑蒸汽房、整体淋浴房；从形态上看，常见的可分为立式角形淋浴房、一字形淋浴屏、浴缸上淋浴屏。随着技术的进步，目前市场上很多的淋浴房还具备全封闭、冷热水淋浴、按摩和音乐等功能，例如电脑蒸汽房，它设有顶喷和底喷，并增加了自动清洁功能，有些还设有桑拿系统、淋浴系统、理疗按摩系统等。桑拿系统主要是通过淋浴房底部的独立蒸汽孔散发蒸汽，并且设置了药盒，可以放入药物享受药浴保健。理疗按摩系统则主要是通过淋浴房壁上的按摩孔出水，用水的压力对人体进行按摩；而整

体淋浴房在功能和价格上都介于淋浴屏和电脑蒸汽房之间，它既能淋浴，又是全封闭的；既能作电脑蒸汽房，又舍弃了电脑蒸汽房的多余功能。有的淋浴房还是多功能淋浴房，如图 2-48 所示。

图 2-48 多功能淋浴房

5. 马桶

马桶又称座便器，因其在使用功能上更加人性化，在室内尤其是家庭使用中已经非常广泛。

以冲水方式的不同可以将马桶分为直冲式和虹吸式。其中虹吸式又分为虹吸旋涡式、虹吸喷射式和虹吸冲落式三种。直冲式价格低，用水量小，排污效果好，同时管道较大，不易堵塞，但噪声很大。虹吸式排水马桶不仅噪声低，对马桶的冲排也较干净，还能消除臭气，但由于设计复杂，制作成本和售价均高于直冲式马桶。虹吸式马桶中的虹吸旋涡式就是所谓的静音型马桶，优点是冲水时声音很小且气味小，缺点是费水且冲力较小；虹吸喷射式优点是冲水力度大，噪声小且省水，缺点是管道较小，纸扔太多偶尔会堵；虹吸冲落式池壁坡度较缓，噪声问题有所改善，缺点是池底存水面积较大，较费水。各式马桶如图 2-49 所示。

图 2-49 各式马桶

2.11.2 卫浴洁具的选购要点

1. 水龙头的选购

（1）看表面

水龙头表面一般都做了镀镍和镀铬处理，正规产品的镀层工艺要求比较高，表面的光泽均匀，无毛刺、气孔、氧化斑点等瑕疵。此外，水龙头主要零部件间的接缝结合处也是非常紧密，没有任何松动感。

（2）试手感

轻轻转动手柄，看看是否轻便灵活，有无阻塞滞重感。有些很便宜的产品，都采用质次的阀芯，转动时明显感觉不流畅。

（3）配件

买好龙头一定不要忘记清点零配件，否则拿回去装不上也很麻烦。例如，浴缸龙头配件有花洒、两根进水软管、支架等标准配件。正规企业生产的水龙头在出厂时都有安装尺寸图和使用说明书，挑选时要注意查收。

2. 洗手盆的选购

除了在风格上要求统一协调外，面盆选购还有质量上的要求。陶瓷面盆主要观察其釉面的光洁度，方法与釉面砖的选购类似。玻璃洗面盆的玻璃必须是钢化玻璃，且玻璃厚度不能小于 12mm。人造石面盆的材料选购具体可以参照人造石材章节人造石选购方法。

3. 浴缸的选购

浴缸的选购除了讲究设计上的统一协调外，在质量上还需要注意以下问题。

钢板浴缸所用的钢板通常是 1.5 ~ 3mm 厚度，由于钢板比较薄，保温性能不好，所以购买钢板浴缸最好购买添加了保温层的钢板浴缸。

铸铁浴缸和钢板浴缸表面都有搪瓷，选购时需要注意其表面是否光洁，如果搪瓷镀的不好的话，表面会出现细微的波纹。

亚克力浴缸缸体由面层（亚克力层）和里层（玻纤树脂加固层）复合而成，好品质的亚克力浴缸面层里层结合紧密，不分层，浴缸表面应光洁平整，没有较明显的凹凸，结实而有弹性，裙边和缸体结合处咬合严密，缝隙一致，轻轻敲击没有空洞声。

木质浴桶由于是木板拼接制成的，最易出现滴漏的问题，最好倒满水测试其是否会有滴漏。

除上述以外，还要考虑人体舒适度，主要可由以下几个方面观察浴缸尺寸是否符合人的体形：靠背是否贴合腰部曲线，倾斜角度是否令人舒服；按摩浴缸按摩孔的位置是否适合，头靠时是否舒适；浴缸内部的尺寸是否为背靠浴缸、伸直腿的长度，浴缸的高度是否在大腿内侧的 2/3 处，这样的长度和高度最为舒适。

4. 淋浴房的选购

（1）材料

淋浴房的主材最好的是钢化玻璃，真正的钢化玻璃仔细看有隐隐约约的波纹；淋浴房的骨架通常采用铝合金制作，表面做喷塑处理，主骨架越厚越不易变形；门的滚珠轴承一定要灵活，方便启合；螺丝采用不锈钢并且所有五金件都必须圆滑，以防不小心刮伤；淋浴房底盘的材料分为玻璃纤维、亚克力、金刚石三种，相对而言，金刚石牢度最好，污垢清洗方便，亚克力材料次之。

（2）多功能淋浴房需关注蒸汽机和电脑控制板

如果蒸汽机不过关，用不了多长时间就容易损坏。此外，电脑控制板也是淋浴房的核心部件。由于淋浴房的所有功能键都是在电脑控制板上，一旦电脑控制板出问题，整个淋浴房就无法启用，因此，在购买时一定要问清蒸汽机和电脑板的保修时间。

5. 马桶的选购

马桶釉面应光洁、平整、色泽晶莹。釉面不好，防渗透性就差，容易被其他物质渗入，会留下水渍和水垢，怎么擦洗都无济于事，有些马桶底部留下的黄色斑迹便是由于釉面不好造成的。此外，由于池壁的平整度直接影响座便器的清洁，所以池壁越是平滑、细腻，越不易结污；管道应比较光滑，否则影响排污，假冒产品往往做不到这一点。

2.12 水电材料常见疑难解析

2.12.1 电改材料常见问题

1. 电线为什么一定要套在 PVC 电线套管里？

电线外层的塑料绝缘皮长时间使用后，塑料皮会老化开裂，绝缘性能会大大下降，当墙体受潮或者电线负载过大和短路时，更易加速绝缘皮层的损坏，这样就很容易引起大面积漏电，导致线与线、线与地有部分电流通过，危及人身安全。而且漏泄的电流在流入地面途中，如遇电阻较大的部位，会产生局部高温，致使附近的可燃物着火，引发火灾。同时将电线直接埋入墙体内也不利于线路检修和维护。所以，在施工时必须将电线穿入 PVC 电线套管，这样才能从根本上杜绝安全隐患，方便日后维修。

2. 插座、开关应该设多高？

在家庭装修中，所有房间的各种插座要保持在同一水平线上，一般距地面 300mm；当家里有小孩且没有采用安全型插座时，安装高度不小于 1.8m；开关应放置在进屋最容易发现处，高度一般为 1.5 ~ 1.7m，所有房间的开关也应保持在同一水平高度。暗装的开关面板应紧贴墙面，四周无缝隙，安装牢固，表面光滑整洁，无碎裂、划伤，装饰帽齐全。

3. 线管拐弯处可以不用弯头吗？

在家装施工过程中，常常有些工人在电路施工中偷工减料，在线管拐弯处不用弯头。这样施工虽然简单便捷，但是在后期使用过程中，一旦出现电线损坏的问题，就很难将原有电线抽出来进行更换，必须进行局部二次装修，这样既不美观，又产生了更多的费用。

4. 安装灯具可以用木楔吗？

一般来说，最好不要用木楔来安装灯具，因为木楔经过一段时间的使用后，会出现脱落、脱钉等问题，有可能造成安全事故。安装灯具的时候，最好使用金属膨胀螺栓或胀塞。

5. 电改造工程是如何报价的？

电改造工程计算方法可以是以“位”计算、以“米”计算甚至以“整个项目”计算。但相对来说以“位”计算是最科学合理的，也是目前最为主流的计算方式。各个公司的计算方法有所不同，但大体上是一个开关或者一个插座算一位，空调、电视、网线、电话也是按“位”

计算，但价格相对开关插座要高一些，具体价格视各个公司而定，没有统一的标准。

2.12.2 水改材料常见问题

1. 什么是水装修？

水装修指通过专门的水处理设备除去自来水中的氯、泥沙、细菌、病毒和重金属，但又保留水中必要的有益成分，改造水质，达到优质饮水（可以直接饮用）和优质用水的标准。目前国内不少地区的水源污染已经比较严重，低劣的水质或入户供水的二次污染是导致各种疾患的重要原因之一，因而这种能够净化水的设备也日益受到市场的欢迎，被誉为是水的改造装修，甚至被称为“水的二次革命”。

2. 为什么有些新房刚入住就出现下水道堵塞？

下水道堵塞有很多原因，对于水工施工而言，一定要特别注意防止下水道堵塞。在施工前，必须对下水口、地漏做好封闭保护，防止水泥、砂石等杂物进入。更不能图省事，将尘土或者大块垃圾、杂物敲碎后顺着下水管道倾倒。水泥、砂浆一旦堵塞通道，极难清理。为避免这个问题，在水路施工完毕后，业主应将所有的水盆、面盆和浴缸注满水后放水，看看下水是否通畅，管路是否有渗漏的问题，如果都没问题，才能算验收通过。

3. 铺设 PPR 管时要注意些什么？

PPR 管的安装应横平竖直，管线不得靠近电源，与电源最短直线距离不得小于 200mm。管线与卫生器具的连接应严密，经通水试验后应保证无渗漏，如果漏水就必须重新做防水。

4. 如何做好阳台防水？

不少业主家里的阳台水池都会出现漏水的问题，这个问题大多都是因为施工不规范造成的。做阳台防水的时候，要确保地面形成一定坡度，低的一边为通畅的排水口，阳台和与之相连的室内至少要有 20 ~ 30mm 的高度差，防水层一般要做 5mm 厚。

思考与练习

1. 电线的选购要从哪几方面考虑？
2. 电线套管的选购要点是？
3. 开关插座的选购要点是？
4. 漏电保护器的选购要点是？
5. 电表的主要种类有哪几种？
6. 灯具的种类和选购要点是什么？
7. PPR 给水管应如何选购？
8. 卫浴洁具有哪些选购要点？

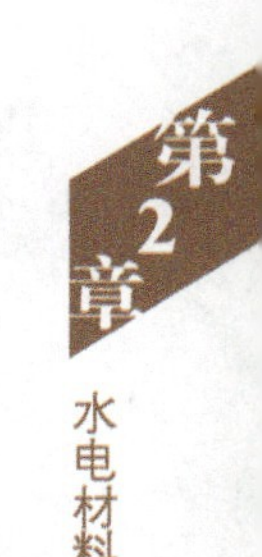

第3章

泥水材料

泥水施工使用的材料量是最大的，泥水施工主要涉及的材料有水泥、沙、砖、墙地面砖、马赛克、踢脚线、天然石材、人造石材、勾缝剂、胶黏等材料。本章我们将逐一进行介绍。

3.1 泥水施工辅料

装修材料通常分为主材和辅料两种，主材指装修的主要材料，包括瓷砖、洁具、地板、橱柜、灯具、门、楼梯、乳胶漆等，在装修中通常是由业主自购。辅料则是辅助性材料，除了主材之外的所有材料都基本上可以统称为辅料。辅料总类非常多，在装修中通常是由装修公司提供。限于篇幅，在本章节中只将泥水施工中常用到水泥、砂、钉子、胶凝材料等归为专门的辅料类别进行介绍。

3.1.1 水泥、沙的主要种类及应用

1. 水泥

水泥以石灰石和黏土为主要原料，经破碎、配料、磨细制成生料，加入水泥窑中煅烧成熟料，加入适量石膏（有时还掺加混合材料或外加剂）磨细而成。水泥是最为常见的胶凝材料，成品为粉状，加水搅拌后能把砂、石等材料牢固地胶结在一起，是不可或缺的装饰工程基础材料。

水泥的品种非常多，有普通硅酸盐水泥、矿渣水泥、火山灰水泥、粉煤灰水泥等多个品种。室内装饰常用的大致上是以下三种。

（1）普通硅酸盐水泥

它是最为常用的水泥品种，多用于毛地面找平、砌墙、墙面批荡、地砖、墙砖粘贴等施工，还可以直接用作饰面，称之为清水墙。

（2）白色硅酸盐水泥

它俗称白水泥，通常被用于室内瓷砖铺设后的勾缝施工。白水泥勾缝缺点是易脏，短时间内白水泥的勾缝就成了“黑水泥勾缝”。现在市场上已经有了专门的勾缝剂，白水泥粘贴的牢度和硬度都不如勾缝剂好，而且抗变色能力也不如勾缝剂，所以勾缝剂成为白水泥的优良替代品，在装修中得到广泛应用。

图 3-1　水泥装修效果

（3）彩色硅酸盐水泥

彩色水泥是在普通硅酸盐水泥中加入了各类金属氧化剂，使得水泥呈现出了各种色彩，在装饰性能上比普通硅酸盐水泥更好，所以多用于一些装饰性较强的地面和墙面施工中，比如水磨石地面。

水泥一般按袋销售，普通袋装的重量通常为 50kg。水泥依据黏力的不同，又分为不同

的标号。国家统一规划了我国水泥的强度等级，用于装饰工程的硅酸盐水泥分三个强度等级六个类型，即 32.5、32.5R、42.5、42.5R、52.5、52.5R。水泥的标号代表着水泥的黏结强度，标号越高强度越高。装饰工程常用的是 32.5R、42.5R 标号水泥。

水泥通常会按照一定比例和砂调配成水泥砂浆使用。水泥砂浆多应按水泥 : 砂 =1:2（体积比）或 1:3 的比例来配制。需要注意的是，并不是水泥占整个砂浆的比例越大，其黏结性就越强，以粘贴瓷砖为例，如果水泥所占比重过大，当水泥砂浆凝结时，水泥大量吸收水分，这时面层的瓷砖水分被过分吸收，反而更容易把瓷砖拔裂和黏结不牢。

2. 沙

沙也称为砂，是调配水泥砂浆的重要材料。水泥砂浆的调配，水泥和沙两者缺一不可。从规格上沙可分为细沙、中沙和粗沙。沙子粒径 0.25 ~ 0.35mm 为细沙，粒径 0.35 ~ 0.5mm 为中沙，大于 0.5mm 的称为粗沙。一般装修通常都是使用中沙。

从来源上沙可分为海沙、河沙和山沙。海沙通常不能用于装饰施工中，因为海沙盐分含量高，容易起化学反应，会对工程质量造成严重影响。山沙则不够洁净，通常会含有过多的泥土和其他杂质，装修中最常用的还是网子进行筛选后的河沙。

调制水泥砂浆时为了加强水泥砂浆的黏结力和柔韧性，有时还会添加一些如 107 胶、白乳胶、瓷砖胶等胶黏剂作为添加剂，其中 107 胶因为含有过量的游离甲醛，目前已经被国家明令禁止使用。在游泳池、卫生间等潮湿区域最好使用专门的瓷砖胶水泥砂浆添加剂，它除了能加强水泥砂浆的黏结力外，还能增强水泥砂浆的耐水性。

3. 勾缝剂

勾缝剂也叫作填缝剂，主要用于嵌填墙地砖的缝隙。勾缝剂分为无沙勾缝剂和有沙勾缝剂两种。一般来说，无沙勾缝剂适用于瓷砖缝宽 1 ~ 10mm，而有沙勾缝剂适用的缝宽可以更宽。在施工时，可以根据砖缝宽度来决定选择哪种勾缝剂。勾缝剂有白色、灰色、褐色等多种，选购时可以根据瓷砖的颜色选择相近颜色的勾缝剂，形成整体统一的效果。

勾缝剂施工事项：首先将待勾缝中的灰渣清理干净，再用湿海绵将缝表面湿润，以利于提高填缝剂的强度，同时有利于避免彩色填缝剂对砖面毛细孔的渗透。用工具将填缝剂填满压实。填缝剂初步固化后（15 ~ 30min），用微湿海绵清理干净。

3.1.2 砖、钉子的主要种类及应用

1. 砖

普通砖的尺寸通常为 240mm × 115mm × 53mm，根据抗压强度（N/mm^2）的大小分为 MU30、MU25、MU20、MU15、MU10、MU7.5 六个强度等级。在室内装饰砌筑工程中主要有以下品种。

（1）红砖

红砖是以黏土在 900℃左右的温度下以氧化焰烧制而成。红砖由于抗压强度大，价格低，

经久耐用，曾经在土木建筑工程中被广泛使用。但是，烧制红砖需要大量的黏土，一块红砖需要几倍于它体积的土地来做原料，这样就会大量消耗土壤资源，毁坏耕地。出于环保的考虑，国家已经禁止使用红砖。但是由于红砖造价低廉，利润大，还是有很多黑生产窝点和销售渠道。

（2）青砖

青砖是我国独具传统特色的砖种，青砖装饰别具风味。青砖制作工艺和红砖基本相似，只是在烧成高温阶段后期将全窑封闭从而使窑内供氧不足，促使砖坯内的铁离子从呈红色显示的三价铁还原成青色显示的低价铁，这样本来呈红色显示的砖就成了青色。青砖在抗氧化、水化、大气侵蚀等方面性能明显优于红砖，但是由于青砖的烧成工艺复杂，能耗高，产量小，成本高，难以实现自动化和机械化生产，所以轮窑及挤砖机械等大规模工业化制砖设备问世后，红砖得到了突飞猛进的发展，而青砖除个别仿古建筑仍使用外，已基本被淘汰。

（3）水泥砖

水泥砖是利用粉煤灰、煤渣、煤矸石、尾矿渣、化工渣或者天然砂等（以上原料的一种或数种）作为主要原料，用水泥做凝固剂，不经高温煅烧而制成的，是一种新型墙体砌筑材料。市场上叫法不一，因为水泥砖一般为灰色，有时也被叫作灰砖；同时因为常常做成空心的，也经常被称为空心砖。水泥砖自重较轻，强度较高，无须烧制，比较环保，国家已经在大力推广。水泥砖缺点是与抹面砂浆结合不如红砖，容易在墙面产生裂缝，影响美观。施工时应充分喷水，要求较高的别墅类可考虑满墙挂钢丝网，可以有效防止裂缝。

（4）灰砖

灰砂砖：以适当比例的石灰和石英砂、砂或细砂岩，经磨细、加水拌和，半干法压制成型并经蒸压养护而成。

粉煤灰砖：以粉煤灰为主要原料，加石灰、水泥和添加剂后放进模子，经过蒸汽养护后成型。由于其可以充分利用电厂的污染物粉煤灰做材料，节约燃料。现在国家在大力推广，在各个建筑工地中比较常见。

（5）烧结页岩砖

烧结页岩砖是一种新型建筑节能墙体材料，以页岩为原料，采用砖机高真空挤出成型。与普通烧结多孔砖相比，具有保温、隔热、轻质、高强和施工高效等特点。

除了以上砖种外，市场上还有诸如不烧砖、透水砖、草坪砖、劈开砖等种类，因为在室内装饰的应用很少，这里就不一一介绍了。

2. 钉子

钉子虽小，却也是室内装修中必不可少的一种材料。钉子的种类很多，在不同的地方需要使用不同类型的钉子。

（1）圆钉

圆钉也称为铁钉，头部为圆扁形，下身为光滑圆柱形，底部为尖形。常见规格从10mm

到 200mm，大概有 20 种。普通圆钉主要用于木制结构的连接，如图 3-2 所示。

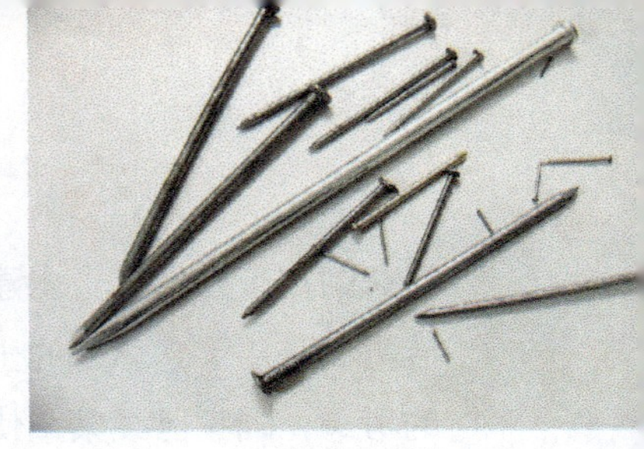

图 3-2　圆钉

（2）麻花钉

麻花钉的钉身如麻花状，头部为圆扁形，十字或一字头，底部为尖底。着钉力特别强。适用于需要着钉力很强的地方，如抽屉、木制顶棚吊杆等处，常见规格从 50mm 到 85mm，有多种规格，如图 3-3 所示。

图 3-3　麻花钉

图 3-4　拼钉

（3）拼钉

拼钉是两头都是尖的钉子，中间为光滑表面。拼钉比其他钉更容易与固定木材合并，特别适用于木板拼合时做销钉用，常见规格有 25 ~ 120mm，如图 3-4 所示。

（4）水泥钢钉

水泥钢钉在外形上与圆钉很相似，头部略厚一点。但水泥钢钉是用优质钢材制成，具有坚硬、抗弯的优点，可以直接钉入混凝土和砖墙内。常见规格有 7 ~ 35mm，如图 3-5 所示。

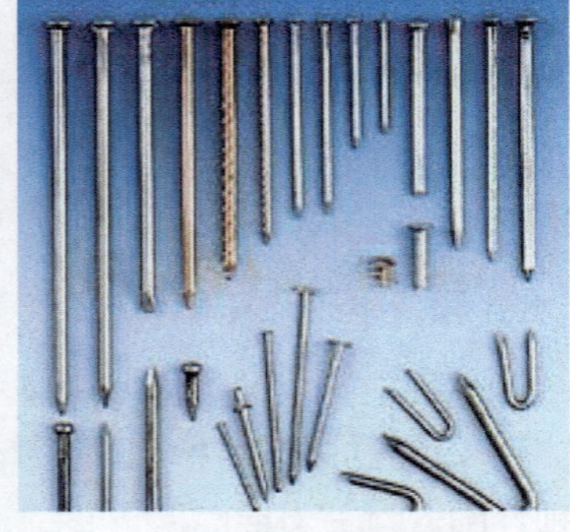

图 3-5　水泥钢钉

（5）木螺钉

木螺钉又称为木牙螺钉，比其他钉子更容易与木料结合，多用在金属或其他材料与木质材料的结合中。如图 3-6 所示。

（6）码钉

码钉一般是用镀锌铁丝做成的，与订书钉相似，型号一般带有 J 字头表示，是气动枪钉的一种，主要用来连接、固定两块板材。码钉如图 3-7 所示。

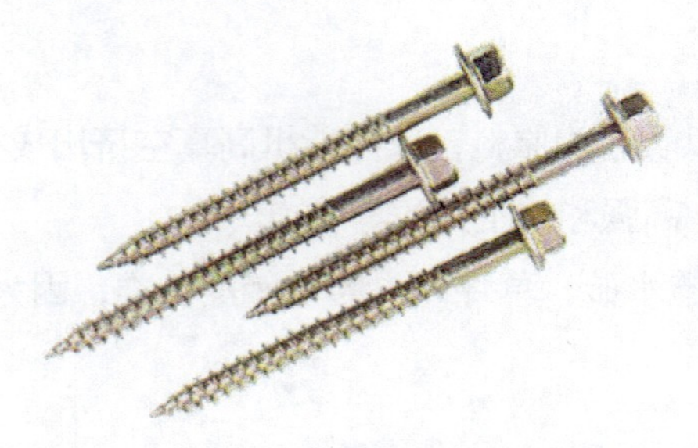

图 3-6　木螺钉

图 3-7　码钉

（7）纹钉

纹钉主要用于基层饰面板的固定，一般常用的有螺纹钉和环纹钉。需要用专用纹钉枪，价格低，不容易生锈。纹钉如图 3-8 所示。

（8）铜质纹钉

铜质纹钉全是铜质，它非常的细小，并且没有钉头，钉孔小，需要专用纹钉枪，主要用于装饰面板。

（9）特种钉

特种钉带螺纹，主要用于钉踢脚线，螺纹结构不易松动。

（10）自攻螺钉

自攻螺钉的钉身螺牙较深，硬度高，价格低，比其他钉子能更好地结合两个金属零件。多用于金属构件的连接固定，如铝合金门窗的制作中，如图 3-9 所示。

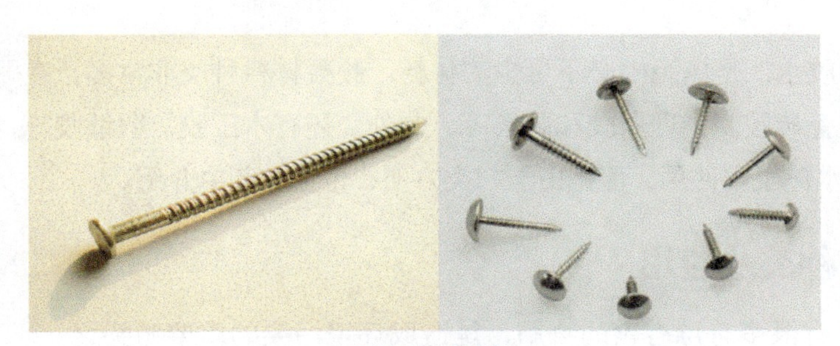

图 3-8　纹钉

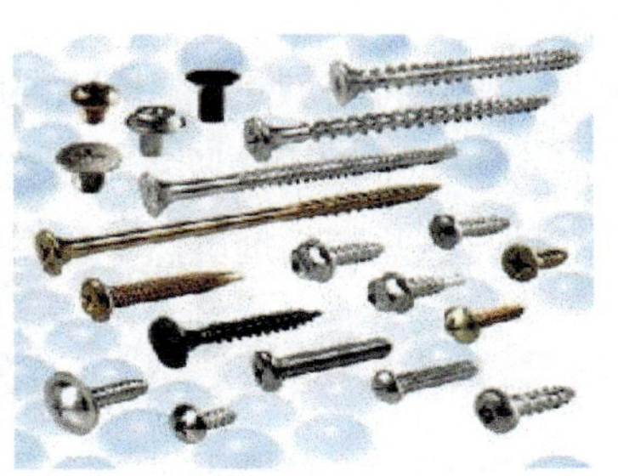

图 3-9　自攻螺钉

（11）射钉

射钉多与气钉枪配合使用，射钉紧固要比人工施工更好且经济。同时钉入板内只会留一个小钉眼，补腻子上漆后完全看不出钉眼，美观性较好。射钉多用于木制工程的施工中，如细木制作、木质罩面工程等，射钉及气钉枪如图 3-10 所示。

图 3-10　射钉及气钉枪

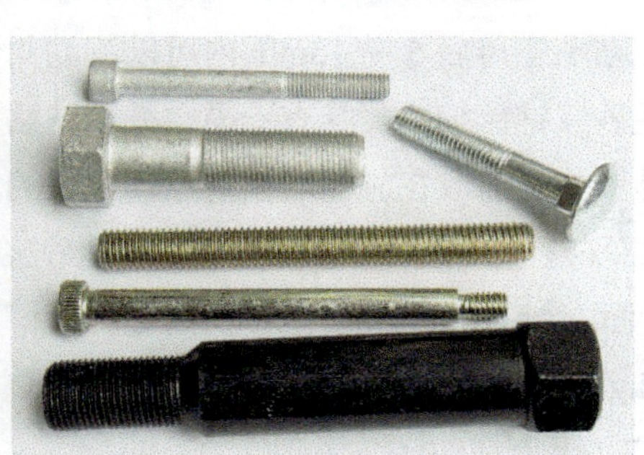

图 3-11　螺栓

（12）螺栓

装修工程中常用的螺栓主要分为塑料和金属两种，用于替代预埋螺栓使用。适用于各种墙面、地面锚固建筑配件和物体，如图 3-11 所示。

3.1.3　泥水施工辅料的选购要点

1. 水泥的选购

① 水泥通常都是按袋出售，正规厂家生产的水泥包装完好，包装上印有详细的工厂名称，生产许可证编号，注册商标，品种（包括品种代号），标号，包装年、月、日和编号等内容。这里需要特别注意的是水泥的生产日期，一般越近越好，水泥保质期很短，如果使

用超过保质期的水泥，其黏结性能会随着超过保质期的时间成正比急剧下降。

② 水泥粉颗粒越细越好，越细硬化越快，强度就越高。如果水泥结块了，说明水泥受潮，其强度会变得很差；水泥的颜色最好为深灰色或深绿色，色泽泛黄、泛白的水泥强度相对较低。

2. 沙子的选购

沙子的选购最好采用河沙，而不是山沙或者海沙。河沙选用那些杂质较少，最为干净的。

3.2 胶凝材料

胶凝材料就是我们俗称的胶水，是施工中必不可少的材料。胶凝材料种类非常多，在泥水施工中常用的胶水主要有瓷砖胶、大理石胶和胶条等，此外，还有木工胶、壁纸胶等品种，这些胶黏剂虽然不在泥水施工中使用，但是出于归类方便，也在本节中介绍。

3.2.1 胶凝材料的主要种类及应用

需要注意的是胶水本身含有很多有毒有害的物质，是造成环境污染的重要源头之一。因而在施工中使用胶水需要特别注意，过量使用环保达标的胶水同样会造成环境污染。如果采用那些不合格的胶水，造成的危害就更大了。

1. 瓷砖胶

瓷砖胶又称陶瓷砖黏合剂，主要用于粘贴面砖、地砖等瓷砖，广泛适用于内外墙面、地面、浴室、厨房等空间。瓷砖胶主要特点是施工方便，黏结强度高，耐水、耐冻融、耐老化性能好，而且瓷砖胶在粘贴瓷砖后 5 ~ 15min 内可以移动纠正，是一种非常理想的瓷砖黏结材料。与传统的水泥砂浆铺砖相比，具有不易空鼓和粘贴更为牢固的优点，尤其适合墙面砖的铺贴施工。瓷砖胶施工前应在施工墙面清除浮灰、油污等污垢，然后湿润（外湿里干），同时要求墙面基层平整，如有不平整则需要用水泥砂浆找平；使用时将混合好的黏合剂涂抹在粘贴砖材的背面，然后用力按，直至平实为止。材料不同，则实际耗用量不同，一般每平方米用量为 4 ~ 6kg，粘贴厚度为 2 ~ 3mm，使用时水灰比约为 1:4，搅拌均匀后的黏结剂应在 5 ~ 6h 内用完（温度在 20℃左右时）。

2. 云石胶

云石胶目前已经得到了广大石材用户和建筑行业等方面的认可，适用于各类石材间的黏结或修补石材表面的裂缝和断痕，常用于各类型铺石工程及各类石材的修补、黏结定位和填缝。云石胶性能优良，主要体现在硬度、韧性、快速固化、抛光性、耐候、耐腐蚀等方面。一般的云石胶由于其耐水性及耐久性不太好，并且固化时产生收缩，所以建筑施工规范规定，云石胶一般不作为结构胶使用，常用于快速定位或石材修补。应特别注意的是，云石胶决不可用于大面积的粘贴。

3. 胶条

胶条主要解决大理石修补问题，用于修补石材孔隙及裂缝。可根据不同的石材颜色，选择相应的胶条，修补后再打磨，就看不出修补痕迹了。胶条修补时要使用 75W 或 100W 的带刀头电烙铁加热熔化，融入需填补的石材；如石材填补洞比较大，也可添加石材碎块，混合一起填补。待冷却固化后，表面出现凹凸不平时，采用灰铲，将表面凸出部分水平铲除即可，充分冷却后硬度和石材无异，最后打磨即可。

4. 木制品胶黏材料

木制品胶黏材料多用于木制品的基层和面层黏结。

（1）白乳胶

它俗称白胶，形态为乳白色的黏稠液体。具有可常温固化，黏结强度较高，黏结层具有较好的韧性和耐久性且不易老化、能溶解于水、价格便宜的特点。多用于木龙骨、木制基层以及饰面板的粘贴，还可以用于墙面壁纸粘贴。用于墙面腻子则可以增强腻子的粘黏度。但是白乳胶的凝固时间较长，通常需要 12h 以上。

（2）309 胶

它俗称万能胶，具有凝固时间很快，黏连强度很高的特点。广泛应用于木制品、塑料制品和金属面板的黏结。

（3）地板胶

它专用于木制地面材料的胶黏，凝固时间相对较短，一般只需要 2 ~ 3h，同时具有黏结强度高、硬度高、使用寿命长等特点。

5. 墙面腻底胶黏材料

（1）107 胶

107 胶（聚乙烯醇缩甲醛）多用于墙面腻底和壁纸的粘贴，但由于 107 胶含毒，污染环境，国内已经明令禁止 107 胶继续使用。

（2）108 胶

108 胶是一种透明糊状的液体，具有较好的胶黏性能，适合用于粉刷用的胶料和配置腻子，可作为 107 胶的替代产品。

（3）熟胶粉

它主要适用于墙面腻子的调制和壁纸的粘贴。具有阻燃和可溶解于水的特点，熟胶粉凝固时间慢，不能单独使用。同时胶黏强度较低。

（4）壁纸胶

壁纸胶是专门用于粘贴壁纸的胶黏材料。具有凝固时间较快，4h 左右即可凝固。具有黏结强度较好，阻燃和可溶于水的特点。使用寿命在 5 年左右。

6. 玻璃胶

玻璃胶多用于玻璃的黏结和固定。通常需要 6h 左右的凝固时间，同时具有黏结强度高，

弹性强，阻燃防水等特点。

7. 其他胶黏材料

（1）防水密封胶

防水密封胶适用于门窗、阳台等处的防水密封。

（2）电工专用胶

电工专用胶适用于电线套管的绝缘密封。

除此之外，胶黏材料还有其他种类，如801胶、816胶、901胶等品种，性能和上述胶黏材料基本重合，这里就不一一介绍了。

8. 防水涂料

建筑本身会做一层建筑防水，如果质量好的话，一般不会出现渗漏现象。但装修中常常对卫浴设施和水管移动位置，这就会使原有的防水层遭到破坏。在这种情况下，就要重新做防水处理。一般在地面找平的水泥干透之后，就可以做防水处理了。墙面防水至少要做到1.8m高，最好是整面墙都做防水处理。特别要注意边角，防止其发生滴漏，实际上大多数防水层漏水都是出现在边角部位。防水涂料主要性能有固体含量、耐热度、柔性、不透水性、延伸性等。

目前，市场上的防水材料有以下两大类。

（1）聚氨酯类防水涂料

这类材料一般由聚氨酯与煤焦油作为原材料制成，它所挥发的焦油气毒性大，且不容易清除，因此2000年我国禁止使用。尚在销售的聚氨酯防水涂料，是用沥青代替煤焦油作为原料。但在使用这种涂料时，一般采用含有甲苯、二甲苯的有机溶剂来稀释，因而也含有毒性。

（2）聚合物水泥基防水涂料

它由多种水性聚合物合成的乳液与掺有各种添加剂的优质水泥组成，聚合物（树脂）的柔性与水泥的刚性结为一体，使得它在抗渗性与稳定性方面表现优异。它的优点是施工方便，综合造价低，工期短，且无毒环保。

防水涂料的施工完成后必须进行一次24h的闭水实验，检测防水层的质量。具体办法是将厨房、卫生间的地漏塞住，在室内加不低于3cm深的水，经过24h，看楼下是否出现渗漏。确认没有问题后才能进行地面贴砖或者其他面层处理。如果没有做闭水试验或试验未合格，就做了面层，将来漏水时，只能把面层全部敲掉，再重新做过。

3.2.2 胶凝材料的选购要点

① 首先需要了解各种胶黏剂的性能和适用的材料，根据材料的种类和需要进行选购。

② 胶黏剂的质量需要从气味、固化效果和黏度等几个方面考察。通常是气味越小越好，

越小说明含有的有毒有害物质越少，而固化效果和黏度越高越好，可以挤出一点试试看。

③ 购买正规品牌产品，胶黏剂的包装上出厂日期、规格型号、用途、使用说明、注意事项等内容必须清晰齐全。

3.3 釉面砖

墙地砖是墙地面装饰的主要材料，属于主材的范畴。除了装饰公司完全包工包料外，在一般情况下是由业主自购。考虑到业主多为非专业人士，所以在很多情况下需要设计师陪同购买，提供专业的意见，因此，掌握墙面砖的相关知识是非常有必要的。

墙、地砖的主要种类及应用

在装饰工程中，墙、地砖因其表面洁净、图案丰富、易于清理和价格实惠深受市场的青睐，得到了广泛应用。墙、地砖常见尺寸为300mm×300mm、400mm×400mm、500mm×500mm、600mm×600mm、800mm×800mm、1000mm×1000mm的正方形幅面。但目前设计中也越来越流行采用长方形规格的地砖，如300mm×600mm。地砖尺寸大小的选择要根据空间大小来定，小空间不能用大尺寸，否则容易产生比例不协调的感觉。一般来说，面积较大的空间可选择尺寸较大的地砖，如800mm×800mm，而厨房、卫生间等较狭促的空间宜采用300mm×300mm左右的地砖。

现在市场上装饰用的瓷砖，按使用功能可分为地砖、墙砖、腰线砖等。按材质大致可分为釉面砖、通体砖（防滑砖）、抛光砖、玻化砖、抛釉砖、微晶石、抛金砖、瓷砖背景墙和马赛克等几大类。瓷砖的主要品牌有东鹏、冠军、新中源、诺贝尔、鹰牌、孚祥、致和、蒙娜丽莎、欧神诺等。

3.3.1 釉面砖的概述及选购要点

釉面砖就是在砖的表面经过烧釉处理的砖，由底胚和表面釉层两个部分构成，是装修中最常见的瓷砖品种。由于釉面砖表面色彩、图案丰富，而且防污能力强，易于清洁，因此被广泛使用于室内的墙面和地面装饰。根据釉面砖底胚采用的原料不同，可以细分为陶制釉面砖和瓷制釉面砖。

（1）陶制釉面砖，即由陶土烧制而成，吸水率较高，强度相对较低。其主要特征是砖背面颜色为红色。

（2）瓷制釉面砖，即由瓷土烧制而成，吸水率较低，强度相对较高。其主要特征是砖背面颜色是灰白色。

现在，主要用于墙地面铺设的是瓷制釉面砖。瓷制釉面砖相对于陶制釉面砖有质地紧密，易于保洁，空隙小，吸水率小的优点。釉面砖的釉面根据光泽的不同，还可以分为亮

光釉面砖和哑光釉面砖。亮光釉面砖表面光泽度很高，便于清理，而哑光釉面砖表面光泽度被特别处理成不光亮的效果，更显时尚。釉面砖如图 3-12 所示。

图 3-12　釉面砖

选购要点如下所述。

（1）看平整度

好的砖要边直面平，这样的砖变形小，铺贴后平整美观。也可以从包装箱内拿出任意四块瓷砖，放在平坦的地面，然后对比一下，四块砖是否平坦一致。如要判断瓷砖的直角度，可以丈量瓷砖的对角线，如果两条对角线的长度相等则表明瓷砖的四角都是直角。

（2）看砖色差

将几块同色号瓷砖拼放在一起，在光线下观察，好的产品色差小，产品之间色调基本一致；而差的产品色差较大，产品之间色调深浅不一。

（3）看砖釉面

高品质瓷砖的釉面纯净，花色清晰，将手放在砖面上，轻轻滑动，手感细腻；从砖的侧面看，釉面较厚；在砖的背面倒些水，不会渗到砖的表面，证明质地细密，品质好。

（4）看耐磨性

在要购买的釉面砖样品上用刀片等锐器较用力地划几下，无明显划痕的质量较好；划痕较为明显的质量很差，这种釉面砖在一年后甚至不到一年的时间，经常摩擦的地方就会失去光泽，或是露出坯体底色。

（5）看抗污性

用黑色中性笔或白板笔在釉面砖表面涂画或者倒上酱油、可乐，过几分钟再擦去，如果能顺利擦除的釉面抗污较好；如果擦不掉或擦除后明显还有痕迹，那这种釉面砖的抗污性能就很差。

（6）听声音

好的瓷砖敲击时声音比较清脆响亮；而不好的瓷砖敲击时声音低沉。

3.3.2　釉面砖设计应用实例分析

墙地面釉面砖规格有很多种，选购时需要按照自己家的面积进行挑选。因为在家庭装修中釉面砖多用于厨房和卫生间的墙地面，所以釉面砖一般选用 300mm × 300mm 左右大小的比较合适，不过现在墙面砖较为流行 300mm × 600mm 大小的，大家可以根据自己的需要选定。在购买墙面砖时通常还会搭配一些腰线砖，选用腰线砖时注意不要用太花哨的。釉面砖和釉面砖腰线如图 3-13 所示。

图 3-13　釉面砖效果

3.4 仿古砖

3.4.1 仿古砖的概述及选购要点

仿古砖与釉面砖基本是相同的，所谓仿古，指的是砖的表面效果——将表面打磨成不规则纹理，造成经岁月侵蚀的外观，给人以古旧、自然的感觉，所以叫仿古砖。当然，目前市场上的仿古砖在样式、颜色、图案上有多种多样的效果，并不仅仅局限在仿古效果上，市场上仿古砖的叫法，更多是约定俗成。除了外在的仿古效果外，仿古砖还具有很好的防滑性能，而且易清洁。

仿古砖中有皮纹、岩石、木纹等系列，看上去实物非常相近，可谓是以假乱真，但其中很多都是通体砖，而不仅仅是在釉面上做文章。仿古砖样图如图 3-14 所示。

图 3-14　仿古砖样图

仿古砖和釉面砖的选购要点基本一样，具体可以参见“釉面砖的选购”一节。此外，还可以通过测吸水率来辨别，最简单的操作是把一杯水倒在瓷砖背面，扩散迅速的，表明吸水率高，吸水率高的产品致密度低，砖孔稀松，不宜在频繁活动的地方使用，以免吸水积垢后不宜清理；吸水率低的产品则致密度高，具有很高的防潮抗污能力。

3.4.2 仿古砖设计应用实例分析

仿古砖既为一种独特的瓷砖产品，在使用方面，又表现得与众不同。目前，家居装饰古典情怀日渐浓烈，为仿古砖行情走俏提供了发展基础。有的在装修时故意将仿古砖瓷砖表面打磨和形成不规则边，造成经岁月侵蚀的模样，以塑造历史感和自然感。另外，仿

古砖的踩踏感一般都很舒适，踩上去有踏实、温暖、放松的感觉。仿古砖既保留了陶质的质朴和厚重，又不乏瓷的细腻润泽，它还突破了瓷砖脚感不如木地板的传统，加上瓷砖本身花色易于搭配组合，表面易于清理的特点，越来越受到人们的青睐。

仿古砖可用于室内的各个空间，实际中则多用于阳台、厨房等空间的地面，仿古砖装饰实景图如图 3-15 所示。

图 3-15　仿古砖装饰实景图

3.5　微晶石

3.5.1　微晶石的概述及选购要点

微晶石在行内称为微晶玻璃复合板材，是将一层 1 ~ 3mm 厚的微晶玻璃（通常表面微晶玻璃层越厚越好）复合在陶瓷玻化石的表面，经二次烧结后完全融为一体的高科技产品。在国际上被誉为 21 世纪最新建筑装饰材料，是高档天然石材的最佳替代产品。

由于表面的微晶玻璃层，微晶石比常规的瓷砖看起来更加晶莹、光洁、亮丽，装饰效果非常突出。微晶石和我们常见的玻璃看起来很不一样，它同时具有玻璃和陶瓷的双重特性，而且在外表上看更倾向于陶瓷。大理石、花岗岩等天然石材表面粗糙，可以藏污纳垢，微晶玻璃就没有这种问题。而且与天然石材相比，微晶石还具有强度均匀、工艺简单、成本较低等优点。微晶玻璃装饰板样图与效果如图 3-16 和图 3-17 所示。微晶石各大瓷砖品牌均有销售，但是还有一些专门的微晶石品牌也非常不错，如博德、致和、兰官等。

图 3-16　微晶玻璃装饰板样图

图 3-17　微晶玻璃装饰地面效果

微晶石在材质上更倾向于陶瓷制品而不是玻璃，但是光泽度又较陶瓷制品更高，在选购时可依据陶瓷制品的选购方式。此外，选购时可以查看微晶石表面的微晶玻璃层，原则是越厚越好。

3.5.2　微晶石设计应用实例分析

微晶石虽然目前在国内的应用不是很广泛，但其在国内的发展势头良好。很多北京的奥运建筑和上海的世博会建筑都采用了微晶石进行装饰。对于家庭装修而言，也可以考虑采用微晶石来替代天然大理石和花岗石在装修中应用，尤其是在地面拼花方面，采用微晶石效果美观大气，档次更高，远胜于传统的大理石拼花，如图 3-18 所示。

图 3-18　微晶石地面拼花效果

3.6　抛光砖、玻化砖

3.6.1　抛光砖、玻化砖的概述及选购要点

1. 抛光砖

抛光砖是在通体砖坯体的表面经过机械研磨、抛光，表面呈镜面光泽的陶瓷砖种。严格分类，抛光砖也可以算是通体砖的一种，但由于目前市场上基本都将抛光砖作为一个单独的砖种推出，这里也就不将抛光砖归入通体砖范畴。

相对通体砖而言，抛光砖的表面因为经过了抛光处理，所以要光洁很多。抛光砖硬度很高，非常耐磨，在抛光砖上运用渗花技术可以制作出各种仿石、仿木的外表纹理效果，如图 3-19 所示。

图 3-19　抛光砖样图

抛光砖具有良好的再加工性能，可以任意地进行切割、打磨、圆角等处理。抛光砖适用范围广泛，可在家庭、酒店、办公等空间的墙地面使用，在市场上曾经风靡一时。

2. 玻化砖

玻化砖可以认为是抛光砖的一种升级产品。玻化砖全名应该叫玻化抛光砖，有时在市场上也会称之为全瓷砖。玻化砖是在通体砖的基础上加以玻璃纤维经过三次高温烧制而成，砖面与砖体通体一色，质地比抛光砖更硬、更耐磨，是瓷砖中最硬的一种品种。釉面砖在使用一段时间后，釉面容易被磨损，颜色暗淡，甚至露出胚体的颜色，而玻化砖通体由一种材料制成，不存在面层磨损掉色的情况。更为重要的是，玻化砖抗油污性能要比抛光砖强得多，玻化砖表面光洁所以不需要进行抛光处理，也就不会存在表面抛光气孔，而且玻

化砖本身含有玻璃纤维物质，质地细密，油迹不易渗入，所以相对于抛光砖而言，玻化砖的抗污性能更强。需要注意的是，这种抗污性能仅仅是相对于更易污损的抛光砖而言，实际上玻化砖在经过打磨后，毛气孔暴露在外，油污、灰尘还是会在一定程度上渗入，只是程度相对抛光砖要好很多。有些品牌的玻化砖在生产时会在其表面进行专门的防污处理，将毛气孔堵死，使油污物很难渗入砖体。玻化砖样图如图 3-20 所示。

图 3-20 玻化砖样图

3.6.2 抛光砖、玻化砖设计应用实例分析

图 3-21 抛光砖实景图

图 3-22 玻化砖实景图

抛光砖的最大优点就是表面经过抛光处理后非常光亮，很适合现代主义设计风格的空间。但也正是因为经过抛光处理，抛光砖表面会留下凹凸气孔，这些气孔容易藏污纳垢。所以抛光砖的耐污性能较差，油污等物较易渗入砖体，甚至一些茶水倒在抛光砖上都会造成不能擦除的污迹。针对这种问题，一些品牌瓷砖生产厂家在抛光砖生产时会加上一层防污层以增强其抗污性能，但是也不能从根本上解决抛光砖抗油污性能差的问题。同时因为抛光转表面过于光滑，防滑性能较差，地上一旦有水，就会非常滑，所以抛光砖并不适用于厨房、卫生间等用水较多的空间，在实际中更多地应用于客厅和一些公共空间（如大堂等处）。抛光砖实景图如图 3-21 所示。

玻化砖可以用于室内的各个空间，但和抛光砖一样，玻化砖表面过于光洁而不适合用在厨房、卫生间、生活阳台等积水较多的空间。玻化砖有各种纹理和颜色，在外观上和抛光砖很相似。玻化砖实景效果如图 3-22 所示。

3.7 抛釉砖

3.7.1 抛釉砖的概述及选购要点

抛釉砖又称釉面抛光砖，常规的釉面是不可以进行抛光处理的，但是抛釉砖是由一种可以在釉面进行抛光工序的一种特殊配方釉——全抛釉制作而成。全抛釉砖集抛光砖与仿古砖优点于一体，釉面如抛光砖般光滑亮洁，同时其釉面花色如仿古砖般图案丰富，色彩厚重或绚丽。

抛釉砖集合了抛光砖、仿古砖、釉面砖三种产品的优势，其完全释放了釉面砖哑色暗光的含蓄性，弥补了抛光砖易藏污的缺陷，具备了抛光砖的光泽度、瓷质硬度，同时也拥有仿古砖的釉面高仿效果，以及釉面砖釉面丰富的印刷效果，如图 3-23 所示。

图 3-23　抛釉砖样图

抛釉砖在装饰效果上比抛光砖要强一些，但由于技术障碍及与抛光砖对比并没有太大优势，工艺设备也不够成熟，因此抛釉砖在国内生产较少。釉面太厚（1mm 以上）的抛釉砖则容易在烧制时产生大量气泡，使产品抛后防污能力差，失光。而釉层太簿，釉面砖总多少会有些变形，抛光时易产生漏抛或局部露底现象。因此，大批量生产时，产品品质难以保证，优等品难以稳定。

图 3-24　抛釉砖地面效果

抛釉砖因为印花方式很多，图案清晰，色彩鲜明，白度高，常被应用于墙地面装饰材料，如图 3-24 所示。但它特别怕类似于沙子、小石子等尖锐硬物刮蹭，且划痕明显，但家装进屋换拖鞋，平时注意清扫，问题不大。全抛釉的价格高于抛光砖很多。但因为釉面无法修边全是直角表，最好留缝铺贴。

在选购抛釉砖时，需要注意以下几点。

① 注意抛釉砖表面是否有气泡，无气泡的才是优等品。

② 注意抛釉砖的清晰度，好的抛釉砖精度很高，非常清晰，而有些抛釉砖细看则明显带有印刷的网纹。

③ 尽可能选择品牌产品，除了传统的各大品牌外，有一些专业抛釉砖厂家品牌也非常不错，如博德、致和、兰宫等。

3.7.2　抛釉砖设计应用实例分析

抛釉砖由于印花方式很多，图案清晰，色彩鲜明，常被应用于墙地面装饰材料。但它特别怕类似于沙子小石子等尖锐硬物刮蹭，如果用于地面，家庭用户在使用时，进屋最好换拖鞋，抛釉砖地面效果如图 3-24 所示。此外，抛釉砖也可以用于背景墙的制作，相比常规的瓷砖背景墙，其纹理效果更为突出，但是如果采用抛釉砖进行背景墙制作，雕刻上只能做阴雕效果。抛釉砖背景墙效果如图 3-25 所示。

图 3-25　抛釉砖背景墙效果（孚祥背景墙提供）

3.8　马赛克

3.8.1　马赛克的概述及选购要点

马赛克学名陶瓷锦砖，所有瓷砖品种中最小的一种，是由数十块小块的砖组成一个相对大的砖。因其面积小巧，用于地面装饰，防滑性能好，特别适合湿滑环境，所以常用来铺砌家居中的厨房、浴室，或公众场所的过道、游泳池等空间。不少人对马赛克的印象还停留在十几年前，实际上现在马赛克的品种已经非常多了，而且用作装饰能得到非常漂亮的效果。除了用于地面装饰外，不少室内设计已经采用玻璃或者金属马赛克来装饰背景墙和各类台面。

马赛克大致上可以分为陶瓷马赛克、玻璃马赛克、金属马赛克、大理石马赛克等种类。外形上马赛克以正方形为主，此外还有少量长方形和异形品种。

（1）陶瓷马赛克

陶瓷马赛克是最传统的一种马赛克品种，也是应用最广泛的马赛克品种。它的颜色和纹理相对较为单调，档次偏低，室内多用于卫生间、厨房、公共过道等空间的地面和墙面装饰。

（2）玻璃马赛克

玻璃马赛克是市场上较新的马赛克品种，通常是用各类玻璃品种，经过高温再加工，熔制成色彩艳丽的各种款式和规格的马赛克。玻璃马赛克具有玻璃独有的晶莹剔透、光洁亮丽的特性，在不同的采光下更是能产生丰富的视觉效果，所以在市场上很受欢迎。玻璃马赛克几乎具有装饰材料所要求的全部优点，可以用于任何空间中。在实际应用中多用于卫生间等室内各个空间的墙面装饰。

（3）金属马赛克

金属马赛克是马赛克中最新品种，也是马赛克中的贵族品种。金属马赛克的生产工艺非常多样，通常是在陶瓷马赛克表面烧溶一层金属，也有的是在表面黏一层金属膜，最高档的是采用真正的金属材料制成。金属马赛克价格相对较高，但装饰性很强，具有其他品种马赛克所不具有的独特金属光泽，可以用于各种空间，能够营造出一种非常雍容华贵的感觉。

（4）大理石马赛克

大理石马赛克采用大理石材料制作而成，价格相对较高，相对应用较少，装饰效果上要强于一般的陶瓷马赛克。

3.8.2 马赛克设计应用实例分析

马赛克常用规格有 20mm × 20mm、25mm × 25mm、30mm × 30mm 等，厚度依次在 4 ~ 4.3mm。各类马赛克实景图装饰效果如图 3-26 ~图 3-29 所示。

图 3-26 陶瓷马赛克实景效果

图 3-27 玻璃马赛克实景效果

陶瓷墙面砖一般还配有专门的腰线砖，腰线砖规格一般为 60mm × 200mm，腰线砖的作用是用在墙砖中间，增加满贴墙砖墙面的层次感，使得墙面不那么单调。此外，还有一种花砖，也叫花片。花砖上通常有各种花纹或者图案，局部用在满贴墙砖的墙面，增加美观性。腰线和花片效果如图 3-30 所示。

图 3-28 大理石马赛克实景效果

图 3-29 金属马赛克实景效果

图 3-30 腰线和花片效果

3.9 瓷砖背景墙

3.9.1 瓷砖背景墙的概述及选购要点

背景墙主要是指客厅、卧室里面能反映装修风格的一面主墙，一般电视摆放的位置或者床的靠背位置，也就是室内空间视觉中心，是装修的重点区域。背景墙是室内装饰最为重要的部位，由此诞生了诸多的背景墙产品，而瓷砖背景墙是近几年各类背景墙产品中最为美观和个性的。瓷砖背景墙最早诞生于欧美发达国家，运用当代最新的印染技术，加上特殊的制作工艺，可以把业主所喜爱的图案或者画面，印制或雕刻到我们日常所见的各种瓷砖上，釉面砖、抛光砖、玻化砖、抛釉砖、微晶石均可用于瓷砖背景墙制作。

瓷砖背景墙的装修效果非常高档大气，而且可以个性定制，业主可根据自己的装修风格和喜好来选择背景墙图案，如中式风格、欧式风格、现代风格等。瓷砖背景墙还可根据家庭需要装修的背景墙实际尺寸来订做，独一无二的个性体验逐渐让其成为人们背景墙装修的首选。国内知名瓷砖背景墙品牌有孚祥、致和、甲骨文等。

瓷砖背景墙是在瓷砖上进行图案雕刻后再上色，效果很逼真，具有永不掉色、防水防潮、经久耐用的特点。目前很多楼盘交楼标准为精装修，精装修交楼具有省心省事的特点，但是也存在一个问题，家家户户装修差不多，无法适应当前普遍追求的个性化设计的要求。瓷砖背景墙可个性定制的特点，可以很大程度弥补这种不足。瓷砖背景墙主要有两种工艺，一种是平面的，一种是精雕的。两者的画面是一样的，但是精雕根据画面增加了雕刻工艺，比如画面上有画，雕刻效果就会将花瓣雕刻出来，具有一定的凹凸感与立体感，显得更为高档。

瓷砖背景墙用量无需计算。瓷砖背景墙个性化定做的特点，业主只要提供需要做的背景墙尺寸，既可以根据业主的尺寸进行定做，画面也会依据业主提供的尺寸进行调整。

选购要点如下所述。

（1）品牌

品牌瓷砖背景墙从国外发展到国内，兴起的时间较短，生产技术上水平参差不齐。国内众多小厂工艺水平不够，容易造成不平起翘，颜色还原度不够，时间长了还可能褪色，因此选择一些国内知名背景墙品牌，如孚祥、致和、兰宫、甲骨文等品质更有保障。

（2）耐刮性

很多商家在瓷砖背景墙销售时均号称50年不褪色，但是其实只有颜色渗入砖体才能保证不褪色，而颜色真正渗入砖体，即使用刀尖甚至起子用力刮出火星，颜色也不会掉，只会在瓷砖表面形成因为高温摩擦产生的黑痕。目前国内能够做到如此强的耐刮性的只有孚祥、致和、兰宫等少数品牌厂家，那些质量不好的瓷砖背景墙，刀尖一刮，直接就露出底砖的灰白色。

（3）原砖

瓷砖背景墙大多是采用玻化砖制作，因此原砖的质量是关键。就目前看，采用汇亚品牌的超白砖制作的瓷砖背景墙是较好的选择，业主在选购时可以特别问清楚这点。

（4）色彩

色彩还原度也是一个重要指标。目前因为机器设备不过硬，无法还原画面的色彩，所以很多厂家开始采用原砖喷白漆做底，再在白漆上做画面的方法，这样一来，颜色还原是达到了要求，可是耐刮性极差，而且时间一长必然会褪色或变色。

（5）立体感

精雕的瓷砖背景墙是目前最畅销的产品之一，按照标准，精雕的深度要达到0.6mm以上，但是很多厂家偷工减料，深度只有0.2～0.4mm，立体感要差很多，这点在选购时也需要特别注意。

3.9.2 瓷砖背景墙设计应用实例分析

在装饰装修中的瓷砖背景墙可分为以下几种：电视背景墙、玄关背景墙、沙发背景墙、卧室背景墙、餐厅背景墙等。

（1）电视背景墙

电视背景墙主要是指在客厅摆放电视的那面墙，在办公室等工装空间则属于形象墙位置，均属于装修设计的重点区域，最能体现整体装修风格和档次，如图3-31所示。

图3-31　电视背景墙

（2）玄关背景墙

在装修设计中，人们往往最重视客厅的装饰和布置，而忽略对玄关的装饰。其实，在房间的整体设计中，玄关是给人第一印象的地方，是反映主人文化气质和装修档次的“脸面”，如图3-32所示。

（3）沙发背景墙

客厅中除放置电视和音响的影视墙之外，还有一面沙发背后的墙，俗称沙发背景墙。常规做法通常是在沙发背景墙的位置挂上几幅装饰画，但是如果在沙发背景墙上采用瓷砖背景墙进行装饰，效果则明显要更加突出，如图3-33所示。

（4）卧室背景墙

卧室是最私密也是最具个性的地方，其布置得好坏直接影响到人们的生活、工作和学习，所以卧室也是家庭装修的设计重点之一，卧室背景墙的选择可以体现一个人的内在，如图3-34所示。

（5）餐厅背景墙

餐厅的装修也是装修设计的一大要点，餐厅背景墙的个性定制，能让餐厅更具温馨气

息，如图 3-35 所示。在餐厅背景墙的设计装修过程中，应该注意色彩的使用和搭配，切忌花色过多过杂，进而影响食欲。

图 3-32　玄关背景墙

图 3-33　沙发背景墙

图 3-34　卧室背景墙

图 3-35　餐厅背景墙

3.10　天然石材

目前装饰用的石材大体上可以分为天然和人造两种。天然石材指的是从天然岩体中开采出来，再经过人工加工形成的块状或板状材料的总称，常用的品种主要有大理石和花岗石。

3.10.1　天然石材的主要种类及选购要点

1. 主要种类

（1）大理石

大理石因早年多产于云南大理而得名，是一种变质岩或沉积岩，主要由方解石、石灰石、蛇纹石、白云石等矿物成分组成，其化学成分以碳酸钙为主，占 50% 以上。碳酸钙在大气中容易和二氧化碳、碳化物、水气发生化学反应，所以大理石比较容易风化和溶蚀，而使表面很快失去光泽。这个特性使得大理石更多地被应用于室内装饰而不是室外。大理石具有很多种颜色，相比而言，白色成分单一比较稳定，不易风化和变色，如汉白玉（所以汉白玉多用于室外）；绿色大理石次之，暗红色、红色大理石最不稳定，基本上都只能用于室内。同时大理石属于中硬石材，在硬度上也不如花岗石，相对容易出现划痕。

大理石最大的优点就在于其拥有非常漂亮的纹理，大理石纹理多呈放射性的枝状。相比而言，花岗石纹理更多是呈斑点状，在外观上不及大理石漂亮，这也是区分大理石和花岗石的最有效办法。大理石品种非常多，有多种颜色和纹理的大理石可以选用。大理石样图如图 3-36 所示。

（2）花岗石

花岗石又称花岗岩，是一种火成岩，其矿物成分主要是长石、石英和云母，其特点是硬度很高，耐压、耐磨、耐腐蚀，日常使用不易出现划痕，而且耐久性非常好，外观色泽可保持百年以上，有“石烂需千年”的美称。

花岗石纹理通常为斑点状，和大理石一样也有很多颜色和纹理可供选择，市场上常见的花岗石品种样图如图 3-37 所示。

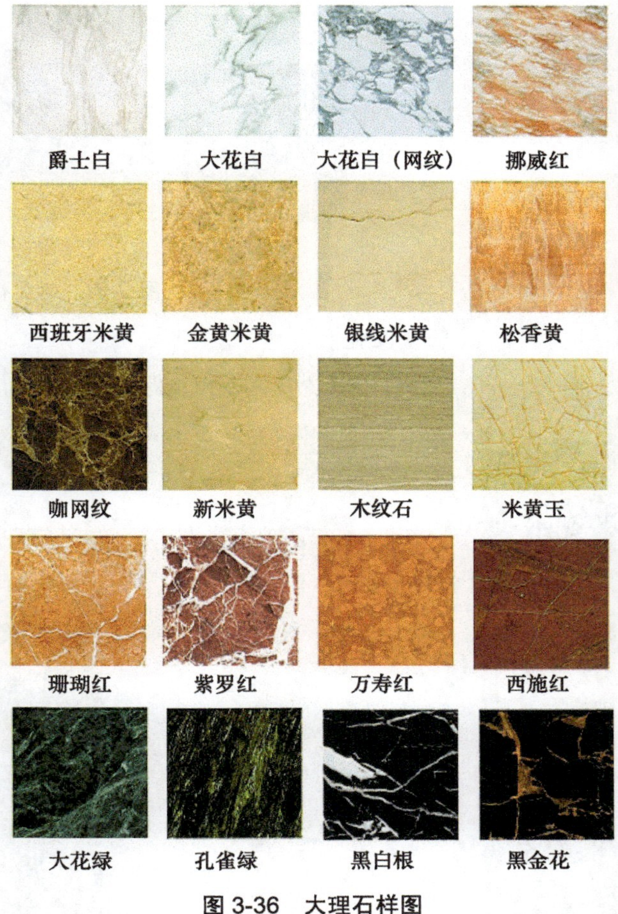

图 3-36　大理石样图

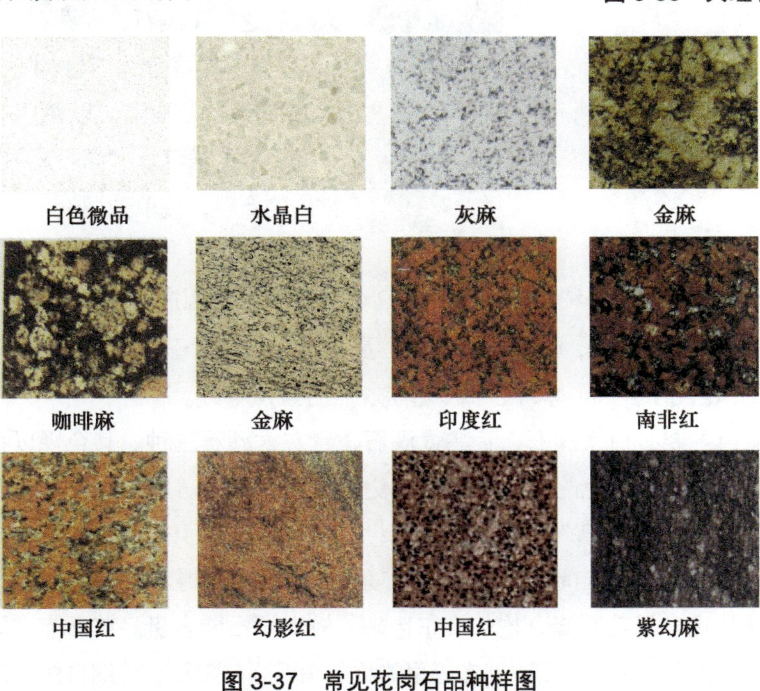

图 3-37　常见花岗石品种样图

紫晶

红紫品

蒙古黑

巴拿马黑

图 3-37　常见花岗石品种样图（续）

（3）文化石

文化石分天然文化石和人造文化石两种。天然文化石是由板岩、砂岩、石英石等天然石材加工而成的，这类石材是自然界经亿万年地壳运动形成的，具有特殊的层状片理结构，沿着片理不仅易于劈分，而且劈分后的石材表面纹理丰富，多制作成片状用于镶嵌墙面。文化石种类繁多，市面上常见品种如图 3-38 所示。

瀑布石

石灰岩

城堡石

仿古砖

南山石

田园石

海岛石

礁石

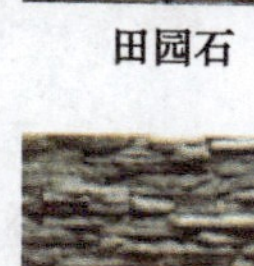

堆切石

乡土岩

青田石

山谷石

图 3-38　文化石主要品种

（4）景观石

现代景观石品种很多，只要是造型自然独特，不管是人工的还是天然的都可以用在造园中。我们这里就介绍几种较为常用和经典的景观石。

① 太湖石。太湖石为我国古代著名四大玩石之一（英石、太湖石、灵璧石、黄蜡石），其主要成分为溶蚀的石灰岩，因产于太湖而得名，其中又以鼋山和禹山出产的太湖石最为著名。太湖石是中国古典园林中常用的石料，或单独摆设，或叠为假山，在光影的作用下，给人以多变多姿的美感和享受。太湖石因产在太湖边，长年水浪冲击，产生许多窝孔、穿孔、道孔，形状奇特竣峭，最能符合古代对于石头“皱、漏、瘦、透”的要求，因而被广泛用于公园、草坪、私家庭院、旅游景点等处。

太湖石颜色主要有白太湖石、青黑太湖石、青灰太湖石三种。其色泽以白石为多，少有青黑石、黄石，尤其黄色的更为稀少，历史上遗留下来的著名太湖石有苏州留园的“冠云峰”、上海豫园的“玉玲珑”等园林名石。

② 英石。英石因多产自岭南英州（今广东英德县），故得名，是岭南园林常见的立峰用石，江南园林也多见英石峰，均从广东运来，较太湖石要名贵。英石有“阳石”和“阴石”之分，露在地面的称“阳石”，埋在土里的称“阴石”。“阳石”长期自然风化，质地坚硬，

色泽青苍，叩之声脆。“阴石”风化较少，质地松润，色泽青黛，叩之声浊。阴石相对阳石而言其色质及纹理都要差些。英石褶皱细密，奇巧玲珑，嶙峋峻峭，是品质优良的景观石。但其高大者较少见，现存英石名峰以杭州的“皱云峰”最为高大，造型最美。

③ 锦川石。锦川石也称锦州石、松皮石，产于辽宁省锦州市城西。该石属沉积岩，石身细长如笋，上有层层纹理和斑点，纳五彩于一石之上，更有一种纯绿者，纹理犹如松树皮，显得古朴苍劲。锦川石一般长一米，长度大于两米、宽度超过一尺就算是名贵了。大者可点缀园林庭院，小者摆入室内也可供欣赏。现在锦川石不易得到，很多现代园林多是采用水泥砂浆进行仿制。

④ 黄石。黄石也是园林山石造景运用最普遍的一种石类。其质坚色黄，石纹古朴，多用作叠山和拼峰，用作独峰的较少。黄石外形刚直，棱角清晰，又因为石价低，能够堆叠大假山，其形粗犷而富有野趣，因此，古代园林中艺术造诣较高的黄石叠山精品留有不少，如上海豫园大假山、苏州藕园假山等。

2. 选购要点

（1）大理石、花岗石

就大理石使用质量而言，目前国产石材与进口石材的差距并不大，但是价格却低了许多，主要原因在于进口石材在颜色和纹理上更加富于变化，装饰性更强。大理石价格差距很大，贵的可以达到上千元一平方米，便宜的也有一百多元一平方米，但多数控制在数百元一平方米左右。如果购买时商家给出很低的价格那就要注意了，市场上有些大理石是用廉价石材经人工染色制成的，最多一年颜料掉后将原形毕露，其中又以大花绿和英国棕最为突出。选购时要注意以下要点。

① 观。厚薄要均匀，四个角要准确分明，切边要整齐，各个直角要相互对应；表面要光滑明亮，没有裂缝且不能有凹坑；花纹要均匀，图案鲜明，没有杂色，色差也要基本一致。

② 听。敲敲石材听听声音。好的大理石质地细密，敲击时声音会比较清脆悦耳，反之有些大理石因为内部存在裂隙或质地疏松敲击起来声音比较粗哑。

③ 试。可以在石材的背面滴上一滴墨水或者可乐，如果墨水很快四散渗开，说明该石材质地比较疏散。质地细密的石材滴上墨水后墨水滴会凝在原地不动。

④ 验。验指的是查看大理石是否达到国家的环保要求。天然石材不管大理石还是花岗石都具有相当的放射性，能够产生一种氡的有害气体。国家根据其放射性的强弱分为了 A、B、C 三个等级，其中只有 A 级是被允许用于室内的。

花岗石的选购基本和大理石一样，便不再介绍。

（2）文化石

① 文化石在室内不宜大面积使用，一般来说，其墙面使用面积不宜超过其所在空间墙面的 1/3，且居室中不宜多次出现文化石墙面，过多过量地使用文化石会使得空间显得古旧粗糙。面积大的客厅，可使用规格较大的石板，也可作不规则的拼接形式镶嵌；面积小的客厅，在装饰墙面时，最好选用小规格、色泽淡的文化石，这样才不会使小客厅显得狭促。

② 文化石用于装饰电视背景墙等装饰墙面时，由于这些墙面大多会设置筒灯或者射灯，所以可选择色泽较深的瀑布石、堆砌石等文化石，配上射灯的光芒可以形成较强的明暗对比效果。

③ 天然文化石最主要的优点是耐用，可擦洗，但装饰效果受石材原有纹理限制，并不能按照自己喜好创造出太多效果。而且除了方形石外，施工较为困难，尤其是拼接时难度较大。人造文化石的优点在于可以自选色彩，即使买回来时颜色不喜欢，也可以用乳胶漆等涂料再上色。另外，人造文化石多数采用箱装，其中不同块状已经分配好比例，安装比较方便，但人造文化石怕脏，不容易清洁。

④ 在选择文化石时还要考虑到板岩的天然特性，如厚度、表面平整度等。因为有些品种较厚，有些品种较薄，这些都是人工很难调整的。

（3）景观石

景观石主要从石音和纹理上挑选。好的景观石用硬棒叩击能发出悦耳的声音，表面的纹理美观耐看，反之则质量不高。

3.10.2　天然石材设计应用实例分析

大理石是一种高档石材，价格从每平方米数百元到数千元不等，在一些较豪华的空间才会大面积使用，对于一般的室内装修，则多在一些台面、窗台、门槛等处局部应用，如图 3-39 所示。大理石拼花如图 3-40 所示。

图 3-39　大理石在台面、门槛的应用

图 3-40　大理石拼花装饰实景图

花岗石由于不易风化、溶蚀且硬度高、耐磨性能好，因而可以广泛应用于室外及室内装饰中，在高级建筑装饰工程的墙基础、外墙饰面、室内墙面、地面、柱面都有广泛的应用。在一般的室内装修中则多用于门槛、窗台、橱柜台面、电视台面等处。花岗石装饰实景图如图 3-41 所示。

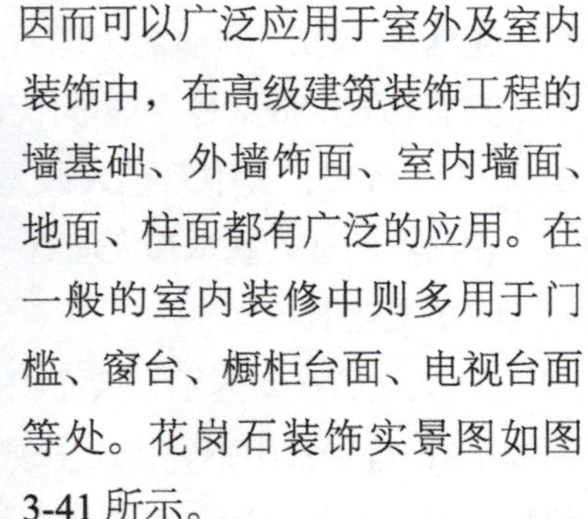

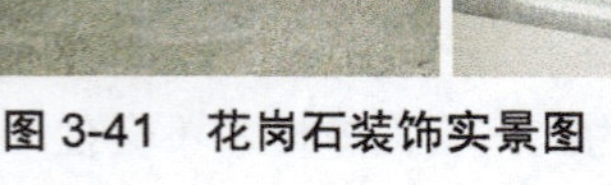

图 3-41　花岗石装饰实景图

文化石则主要用于公共建

筑、别墅建筑的外墙装饰，随着室内装饰中石材使用的不断增加，文化石也越来越多地被应用到室内的墙面装饰中。例如，将纹理粗糙的文化石装饰在客厅的电视背景墙或者阳台一角，形成自然、古朴的感觉，还能和家电金属的现代感形成强烈的质感对比。同时还可以用于家庭中专门的影音室，利用文化石多空隙的特点达到吸音的效果，避免音响声音对其他居室的影响。文化石应用实例如图 3-42 所示。

景观石种类繁多，造型各异，自古以来就为文人士大夫和贵族阶层喜爱。当时不少文人也都爱石如命，像著名书法家米芾当时就被人称为“石痴”，景观石的魅力可见一斑。中国景观石效果如图 3-43 所示。

图 3-42　文化石应用实例

图 3-43　中国景观石效果

3.11　人造石材

3.11.1　人造石材的主要种类及选购要点

（1）主要种类

人造石材是一种以天然花岗石和天然大理石的石渣为骨料经过人工合成的新型装饰材料。按其生产工艺过程的不同，又可分为树脂型人造石、水泥型人造石、复合型人造石、烧结型人造石四种类型，其中又以树脂型人造石、水泥型人造石应用最为广泛。

树脂型人造石具有逼真的天然花岗岩和天然大理石的色泽花纹，而且价格低廉，吸水率低，重量轻，抗压强度较高，抗污染性能优于天然石材，耐久性和抗老化性较好。室内装饰工程中采用的人造石材多为树脂型人造石，在橱柜的台面上更是得到了全面的应用，其产品光泽性好、颜色鲜亮，可定制加工，包安装，包运输。

水泥型人造石材是以各种水泥为胶黏材料，砂、天然碎石粒为粗细骨料，按比例经配制、搅拌、成型、磨光和抛光后制成的，由其制成的人造大理石表面光泽度高、花纹耐久性强且价格低廉，防火、防潮、抗风化性能都优于一般人造大理石，因此被广泛应用于室内地面、窗台板、踢脚板等部位装饰。

人造石材在防油污、防潮、防酸碱、耐高温方面都强于天然石材，且厚度一般仅为天

然石材的 40%，从而大幅度减轻建筑物的重量。人造石还能仿制出天然大理石和天然花岗石的色泽和纹理，但是相对于真正的天然石材而言，其纹理人工痕迹还是比较明显的，看起来比较假，这就类似于实木地板和复合木地板在纹理上的区别。人造石很少模仿纹理复杂的大理石，所以外观上更多是纯色或者斑点的花岗石状。

（2）选购要点

目前橱柜的制作多是找专业橱柜厂家定做，厂家通常会给出人造石的样板，业主只需要指定喜欢的样式和颜色即可。其次，人造石材有一定的色差，人造石材制造商一般都会在石材背面喷码，选购的时候一定要看清。但正规品牌的同一批次产品不会有色差。

除了需要选择在那些质量有保证的品牌厂家购买外，最好还是对人造石进行抗油污和耐磨损的测试。

① 抗污。将酱油倒在人造石上隔几分钟后擦拭，看其能否擦拭干净，如果擦不干净或者还留有明显的油污痕迹，那证明这款人造石的抗油污性能较差。

② 磨损。磨损测试只需要用硬物如钥匙等，试试其是否容易留下划痕。这里有一点需要注意：真正好的人造石有了划痕是可以用砂纸磨平的，而差的人造石用砂纸打磨只会越磨越花。

3.11.2 人造石材设计应用实例分析

人造石最为突出的优点是其抗污性要明显强于天然石材。对酱油、食用油、醋等基本不着色或者只有轻微着色，所以多用于橱柜台面、卫生间洗手台等对实用功能要求较高的空间，尤其是在橱柜的台面上应用极多，市场上出售的各种品牌的橱柜产品台面大多都是采用人造石制作的。

人造石的装饰效果其实也非常好，尤其是纯色的人造石，在装饰效果上比天然石材更简洁现代，非常符合目前室内设计简约化设计的潮流。不少人还存在误区，认为天然大理石的台面才是好的，其实无论从美观性、实用性还是经济性上考虑，人造石都不逊于天然大理石，甚至在某些方面还要明显强于天然大理石。人造石效果如图 3-44 所示。

图 3-44 人造石台面实景图

3.12 踢脚线

严格来说，木制的踢脚线通常是配合木地板的施工而安装，属于木工范畴。而瓷质踢脚线、人造石踢脚线等品种才真正属于泥水施工的范畴。考虑到目前施工中大多采用瓷质踢脚线，因此，把所有的踢脚线总类全部归类到泥水材料章节中讲解。

3.12.1 踢脚线的主要种类及应用

踢脚线因为是贴在墙面与地面相交的部位，形象点讲就是在脚可以踢到的部位，因此被称之为踢脚线。踢脚线有两个作用：一是装饰收边的作用，二是保护作用。踢脚线可以利用它们本身独具的线形美感与室内其他装饰相互呼应，同时还可以使地板与墙面有一个中间过渡。在保护作用上安装踢脚线可以避免外力碰撞对墙根处造成的损坏；另外，还可以防止拖把拖地时将脏水溅在墙根上，造成墙根处的污损。

随着生产工艺的发展，踢脚线也从以前较单一的瓷质、木制踢脚线发展到今天多种材料的踢脚线产品。按材料分主要有木制踢脚线、瓷质踢脚线、金属踢脚线、人造石踢脚线、玻璃踢脚线等类型。

图 3-45　木制踢脚线效果

1. 木制踢脚线

木制踢脚线是以木材为原料加工而成的，主要有实木线条和复合线条两种，是市场上最主要的踢脚线品种。实木线条是选硬质，木纹漂亮的实木加工成条状。复合线条大多是以密度板为基材，表面贴塑或上漆形成多种色彩和纹理。木制踢脚线在形状上有分角线、半圆线、指甲线、凹凸线、波纹线等多个品种，每个品种有不同的尺寸。按宽度分主要有 12cm、10cm、8cm 和 6cm 四种规格，由于目前大多数房屋层高有限，较小的 6cm 踢脚线逐渐为越来越多的消费者所选择。木制踢脚线实景效果如图 3-45 所示。

图 3-46　瓷质踢脚线效果

2. 瓷质踢脚线

瓷质踢脚线是最传统也是目前用量最多的一种踢脚线产品，和瓷砖一样，属于瓷制品范畴，在使用时多和陶瓷地砖相搭配。瓷质踢脚线的优点是易于清洁，结实耐用，耐撞击性能好，但在外在美观性上不如其他类型的踢脚线。瓷质踢脚线效果如图 3-46 所示。

3. 人造石踢脚线

人造石材料书中之前也有介绍，更多的是应用在橱柜的台面上，但随着人造石制造技术的发展，人造石踢脚线也开始在市场上销售。人造石踢脚线最大的优点就是能够在现场施工中做到无缝拼接，看上去非常统一。书中人造石章节也曾经介绍过，人造石可以打磨，数块人造石踢脚线拼接后再经过打磨处理就可做到完全无缝隙，而且人造石的颜色和纹理可选性也比较多，相比瓷质踢脚线要更统一且美观，如图 3-47 所示。

4. 金属、玻璃踢脚线

金属制品尤其是不锈钢制品相比于其他装饰材料有着其独具的现代感。亮光或者亚光金属踢脚线装饰在室内，时尚感和现代感极强，多用于一些办公空间中。玻璃则具有晶莹剔透的特性，用作踢脚线在效果上非常漂亮，但玻璃易碎，在使用上需要注意安全，尤其是有老人和孩子的空间。金属踢脚线效果如图 3-48 所示。

图 3-47　人造石踢脚线效果

图 3-48　金属踢脚线效果

3.12.2　踢脚线的选购要点

在选购踢脚板时应首先注意与居室的整体协调性，踢脚板的材质、颜色及纹理应与地板、家具的颜色和纹理相协调。在质量方面，瓷质踢脚线选购和陶瓷墙地砖的选购基本一致，此外，还应检查其是否有死节、髓心、腐斑等缺陷，线性是否清晰、流畅等，其他如木制、金属和玻璃制品将在书中后续相关的材料章节中详细讲解，具体选购方法可以参看其后相关章节内容。

3.13　泥水材料常见疑难解析

1. 瓷砖空鼓现象如何解决？

空鼓是瓷砖施工中最常见的问题，形成空鼓的原因有很多，但多数是因为基层和水泥砂浆层黏结不牢造成的。解决瓷砖空鼓问题必须按照本书要求，严格、规范施工，在施工中需注意基层和饰面砖的表面清理，同时瓷砖铺贴前必须充分浸水湿润，还必须注意使用正确的水泥与砂的比例。

2. 釉面砖龟裂是什么原因造成的？

釉面砖是由胚体和釉面两层构成的，龟裂产生的根本原因是由于坯层与釉层间的热膨胀系数差别造成的。通常釉层比坯层的热膨胀系数大，当冷却时釉层的收缩大于坯体，釉层会受坯体的拉伸应力，当拉伸应力大于釉层所能承受的极限强度时，就会产生龟裂现象。

3. 背渗是什么原因造成的？

每种砖都有一定的吸水率，质量越好的砖吸水率越低，如果砖的吸水率过高，说明砖的质地不够细密，当这些吸水率高、质地粗疏的瓷砖铺于水泥砂浆之上时，水泥的污水会渗透到砖的表面，从而造成背渗现象。所以在选购瓷砖时要特别注意瓷砖的吸水率高低，吸水率越低越好。

4. 如何处理油漆起泡、流淌、出现裂纹等现象？

发现油漆起泡之后，先将泡刺破，看是否有水冒出。如果有水冒出，说明是因为漆层底下或背后有潮气渗入，经太阳晒而水分蒸发成蒸气，把漆皮顶起形成了气泡。此时，可以先用热风喷枪除去起泡的油漆，让木料自然干燥，然后刷上底漆，最后在整个修补面上重新上漆。

若泡中无水，就说明是木纹开裂，内有少量空气，经太阳晒后空气膨胀造成了漆皮鼓起。这种情况下应先刮掉起泡的漆皮，再用树脂填料填平裂纹，然后重新上漆；或者不用填料，在刮去漆皮后，直接涂上微孔漆即可。

油漆出现裂纹时，则需用化学除漆剂或热风喷枪将漆除去，再重新上漆。若裂纹不大，可先用砂磨块或干湿两用砂纸沾水磨去断裂的油漆，将表面打磨光滑之后，抹上腻子，刷上底漆，再重新上漆。

油漆出现流淌现象往往是因为油漆一次刷得太厚。若油漆还未干，可用刷子把漆刷开；若漆已经变干，则要待其干透，用细砂纸把漆面打磨平滑并将表面刷干净后，再用湿布擦净，重新上外层漆。

5. 墙面受潮发霉如何解决？

为了防止墙面受潮发霉，可先在墙面上涂抗渗液，使墙面形成无色透明的防水胶膜层，防止外来水分的浸入，保持墙面干燥，然后就可以进行墙面装饰了。

一旦发现墙面受潮发霉，当墙体上有霉菌时，可先用干牙刷将霉渍刷掉，再用软布沾酒精轻轻抹擦，这样就可以使墙壁干燥，防止霉菌滋生了。另外，可选用防水性较好的多彩内墙涂料进行处理，具体施工方法为：首先，让受潮的墙面干燥一至两个月，然后在墙体上刷一层拌水泥的避水浆，以起到防潮的作用；接着，用石膏腻子填平墙面凹坑、麻面，然后满刮腻子，待腻子干燥后用砂纸将墙面磨平，重复两次并清扫干净；最后，在干燥、清洁的墙面上将底层涂料用涂料滚筒滚涂两遍，或直接喷涂。

6. 瓷砖贴上墙后为什么会变色？

对于一些瓷砖铺贴上墙后颜色发生变化的问题，很有可能是因为瓷砖质量差，釉面过薄，也可能是因为施工方法不当。

铺贴瓷砖前应严格选用材料，避免购买到假冒伪劣的瓷砖；浸泡砖块时应使用干净的水，用于粘贴的水泥砂浆也应使用干净的水泥和砂。铺贴瓷砖时，业主应要求施工人员随时清理砖面上残留的水泥砂浆。如果瓷砖整体颜色变化较大，严重影响到了墙面的装饰效果，就必须拆除后予以更换，重新铺贴。

思考与练习

1. 泥水施工辅料应如何选购？
2. 瓷砖背景墙应如何选购？
3. 如何选购天然石材？
4. 如何选购人造石材？
5. 如何选购踢脚线？

第4章

木工材料

木工施工项目较多，如木地板铺设、天花制作、家具制作、隔墙安装、背景墙制作等都属于木工施工范畴，因此与木工施工关联的材料种类也很多。

本章中还将介绍一些关于楼梯、成品门窗等材料，这些材料严格讲均不属于木工材料，也不属于装修水工、电工、泥水工、木工、油漆工、扇灰工这六大工种其中任何一个，施工也基本上由厂家或者商家提供。但是出于归类方便的目的，还是把这些材料和木工类材料整合在一起介绍。

4.1 石膏板

4.1.1 石膏板的主要种类及应用

石膏板常被用于制作吊顶和隔墙。以前，更多的是将胶合板用于吊顶的制作。但随着石膏板的推广，因其在防火性能上的优越性，逐渐取代了传统的胶合板吊顶，成为目前吊顶制作的主流材料。石膏板的主要品种有纸面石膏板、装饰石膏板、吸音石膏板、嵌装式装饰石膏板、耐火纸面石膏板、耐水纸面石膏板等，我们通常说的石膏板是指普通纸面石膏板。

1. 普通纸面石膏板

普通纸面石膏板中间以石膏料浆作为夹芯层，两面用牛皮纸作护面，因此被称为纸面石膏板。纸面石膏板具有表面平整、稳定性优良、防火、易加工和安装简单的优点。在纸面石膏板中，添加了耐水外加剂的耐水纸面石膏板耐水防潮性能优越，可以用于湿度较大的卫生间和厨房等空间墙面。

纸面石膏板是石膏板中最为常用的品种，在隔墙制作和吊顶制作中得到了广泛应用。纸面石膏板的厚度有9mm、9.5mm、12mm、15mm、18mm、25mm等规格，长度有3000mm、2400mm、2500mm等规格，宽度有900mm、1200mm等规格，可以根据面积选购合适大小的纸面石膏板。纸面石膏板样图及施工实景图如图4-1所示。

图 4-1　纸面石膏板样图及施工实景图

2. 装饰石膏板

装饰石膏板也是石膏板中的一个常见品种，和普通纸面石膏板的区别在于其表面利用各种工艺和材料制成了各种图案、花饰和纹理，有更强的装饰性，因此被称为装饰石膏板。它主要有石膏印花板、石膏浮雕板、纸面石膏装饰板等品种。装饰石膏板和纸面石膏板在性能上一样，但由于装饰石膏板在装饰上的优越性，除了应用于吊顶制作外，还可以用于装饰墙面及装饰墙裙等。装饰石膏板样图如图4-2所示。

图 4-2　装饰石膏板样图

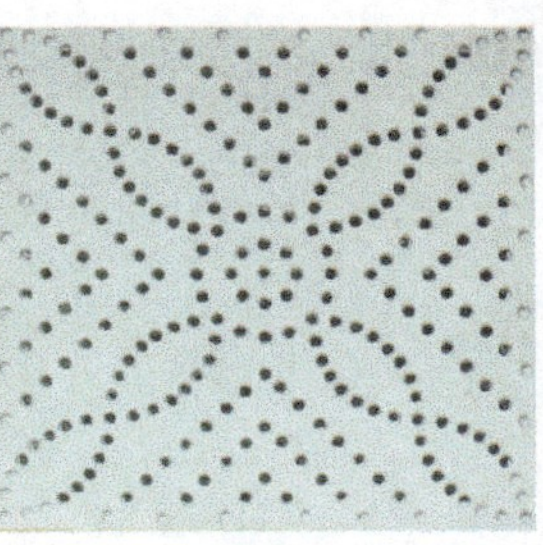
图 4-3　吸音石膏板样图

3. 吸音石膏板

吸音石膏板是一种具有较强吸音功能的特种石膏板，它是在纸面石膏板或者装饰石膏板的基础上，打上贯通石膏板的孔洞，有些吸音石膏板还会再贴上一些能够吸收声能的吸音材料。利用石膏板上的孔洞和添加的吸音材料能够很好地达到吸音效果，例如，在影院、会议室、KTV、

家庭影院等空间中使用非常合适。吸音石膏板样图如图 4-3 所示。

4. 嵌装式装饰石膏板

嵌装式装饰石膏板是以建筑石膏为主要原料，掺入适量的纤维增强材料和外加剂，与水一起搅拌成均匀的料浆，经浇注、成型、干燥而成的不带护面纸的板材。它具有防火、隔声、施工方便等优点。板材背面四边加厚并带有嵌装企口；板材正面为平面，一般带孔或带浮雕图案，立体感强。

5. 耐火纸面石膏板

耐火纸面石膏板以建筑石膏为主要原料，掺入适量遇火就会发生膨胀的耐火材料和大量玻璃纤维制成耐火芯材，并与耐火的护面纸牢固地黏结在一起。

6. 耐水纸面石膏板

耐水纸面石膏板以建筑石膏为原材料，掺入适量耐水外加剂制成耐水芯材，并与耐水的护面纸牢固地黏结在一起。耐水纸面石膏板适用于连续相对湿度不超过 95% 的使用场所，如卫生间、厨房、浴室等。

4.1.2　石膏板的选购要点

（1）外观

表面平整，没有污痕、裂痕等明显瑕疵，如果是装饰石膏板，其表面还必须色彩均匀，图案纹理清晰；竖起来看石膏板整体应厚薄一致，没有空鼓，且多张石膏板之间尺寸基本无误差或误差极小；表面所贴的牛皮护面纸必须黏结牢实，护面纸起到承受拉力和加固作用，对于石膏板的质量有很大的影响。护面纸黏结牢实可以更好地避免开裂，而且在施工打钉时可以很大程度上避免将石膏板打裂。

（2）板芯

优质纸面石膏板一般会选用高纯度的石膏矿作为芯体材料的原材料，好的纸面石膏板的板芯白，而差的纸面石膏板板芯发黄（含有黏土），颜色暗淡。劣质的纸面石膏板对原材料的纯度缺乏控制。纯度低的石膏板中含有大量的有害物质。

（3）密实

相对而言越密实的石膏板质量越好也越耐用，一般来说，越密实的石膏板就越重，选购时可以掂掂重量，通常是越重越好。

4.2　铝扣板

4.2.1　铝扣板的主要种类及应用

从外表分，铝扣板主要分为表面有吸音板和装饰板两种。吸音板表面冲孔即是在铝扣板

图 4-4　条形平面铝扣板与方形冲孔铝扣板样图

的表面打上很多个孔，有圆孔、方孔、长圆孔、长方孔、三角孔等。这些孔洞可以通气吸音，尤其在一些等水汽较多的空间（如浴室等），表面的冲孔可以将水蒸气没有阻碍地向上蒸发到天花板上面，甚至可以在扣板内部铺一层薄膜软垫，潮气可透过冲孔被薄膜吸收，所以它最适合水分较多的环境，如卫生间等空间使用。

装饰板即平面铝扣板，它比较注重装饰性，线条简洁流畅，有多种形状可以选择，如长方形、方形等。对于像厨房这样油烟特别多的空间则最好采用平面铝扣板，因为油烟难免会沾染在铝扣板天花上，如果是冲孔的铝扣板，油烟会直接从孔隙中渗入，而平面铝扣板则没有这个问题，在清洁上要方便很多。铝扣板样图如图 4-4 所示。

按照表面处理工艺主要可以分为喷涂铝扣板、滚涂铝扣板和覆膜铝扣板三种。覆膜铝扣板质量最好，使用寿命最长；滚涂铝扣板次之；喷涂铝扣板最差。

它们之间的区别在于表面处理工艺不同，喷涂铝扣板和滚涂铝扣板是在铝扣板表面采用特种工艺喷涂或滚涂漆料制成的，而覆膜铝扣板是在铝扣板上再覆上一层膜。相比而言，覆膜铝扣板在外观上花色更多也更美观。

铝扣板一般厚 0.4 ~ 0.8mm，有条形、方形、菱形等形状。铝扣板防火、防潮、易擦洗，同时价格低，施工简单，再加上其本身所独具的金属质感，兼具美观性和实用性，是现在室内吊顶制作的一种主流产品。在公共空间（如会议厅、办公室）被大量应用，特别是在家居中的厨房、卫生间更是被普遍采用，处于一种统治性的地位。

因为铝扣板基材为金属材料，再加上铝扣板本身比较薄，所以吸音、绝热功能相对较差，在一些办公室、会议室等空间采用铝扣板作为吊顶材料时，可以在铝扣板内加玻璃棉、岩棉等保温吸音材料来增强其隔热和吸音功能。此外，目前定制化服务已经延伸到铝扣板行业，国内很多铝扣板大型品牌开始依据客户需要，对铝扣板进行单独的个性化画面设计，装饰效果更为突出。铝扣板装饰实景效果如图 4-5 所示。

图 4-5　常规与个性定制铝扣板实景图（朵颜铝扣板品牌提供）

4.2.2　铝扣板的选购要点

（1）厚度

铝扣板厚度主要有 0.4mm、0.6mm、0.8mm 三种，相对而言是越厚越好。越厚其弹性和

韧性就越好，变形的概率越小。通常应该选用0.6mm厚度的铝扣板，可以用拇指按一下板子，试试其厚度和弹性。但有些杂牌产品用的是易拉罐的铝材，因为铝材不好，板子无法很均匀地拉薄，不良商家只能将其做得厚一些，因此在观察其厚度的时候还需仔细辨别其质地。

（2）外观

铝扣板表面光洁，侧面看铝扣板的厚度一致。铝扣板的外表处理工艺有喷涂板、滚涂和覆膜三种，其中覆膜质量最好，但现在市面上也有一种珠光滚涂铝扣板，它是模仿覆膜铝扣板外观制作出来的，单看外表很难区分，最好的办法就是用打火机将面板熏黑，再用力擦拭，能擦去的是覆膜板，而滚涂板怎么擦都会留下痕迹。

（3）铝材

有些商家会用铁来仿制价格更高的铝扣板，可以使用磁铁来验证，铝扣板是不会吸附磁铁的。另外，拿一块样品敲打几下，如果声音很脆，说明该产品基材好；如果声音发闷，说明该产品杂质较多。

4.3 其他常见吊顶材料

4.3.1 常见吊顶材料的主要种类及应用

1. 夹板

夹板就是胶合板，在石膏板吊顶盛行前，夹板吊顶是吊顶制作的主流品种。制作天花的夹板多为5cm板，相比石膏板而言夹板最大优点在于其能够轻易地创造出各种各样的造型天花，甚至包括弯曲的。

但是夹板易变形，尤其是夹板为木制品，防火性能极差。这些夹板材料的自身问题导致夹板吊顶日趋为石膏板吊顶所取代。目前夹板天花在一些家居装饰中，制作复杂的造型天花中还有采用，但在公共空间中，因为其消防性能差，不能验收，目前采用较少。夹板天花实景效果如图4-6所示。

图4-6 夹板造型天花实景效果

2. PVC板

PVC吊顶是采用PVC塑料扣板制作的吊顶。PVC塑料扣板是以PVC为原料制作而成的，具有价格低廉，施工方便、防水、易清洗等优点，在家居装饰的厨卫空间中曾得到了广泛应用，在一些较低档的公共空间也有一些采用。但随着铝扣板的推广，其应用日趋减少，几乎处于被淘汰的边缘。

PVC吊顶的问题是容易变形而且防火性能也不好，同时其外观上也不及铝扣板，显得比较低档。PVC塑料扣板后期发展出了一种塑钢板，称为UPVC。塑钢板在强度和硬度等物理性能上要比PVC塑料扣板加强了很多，可以认为是PVC塑料扣板的升级产品。

需要提醒的是，塑钢板并不是越硬越好，因为有些虽然很硬，但是却很脆，可以拿样品掰一掰作检测。但比较软的板子又得注意是否为再生材料（再生材料的往往价格会非常低），因而最好找一些知名的厂家订货。目前市场上的 PVC 吊顶多是指塑钢板制作的吊顶，在家居的厨卫等空间也有一些应用，但地位远不如铝扣板吊顶。PVC 天花样图如图 4-7 所示。

3. 矿棉板、硅钙板

矿棉板及硅钙板制作的吊顶多应用于一些公共空间，在家居装饰中应用很少。因为这两种吊顶具有很多相似之处，所以将它们归入一起介绍。

矿棉板是以矿棉渣、纸浆、珍珠岩为主要原料，加入黏合剂，经加压、烘干和饰面处理而制成的。它具有非常优异的吸音性能，矿棉板板材一般会制作很多的孔隙，这些孔隙能够有效控制和调整室内声音回响时间，降低噪声，因而矿棉板还被称为矿棉吸音板。

硅钙板是以硅质材料（硅藻土、膨润土、石英粉等）、钙质材料、增强纤维等作为主要原料，经过制浆、成坯、蒸养、表面砂光等工序制成的。硅钙板和矿棉板一样具有质轻、防潮、不易变形、防火、阻燃、施工方便等特点。

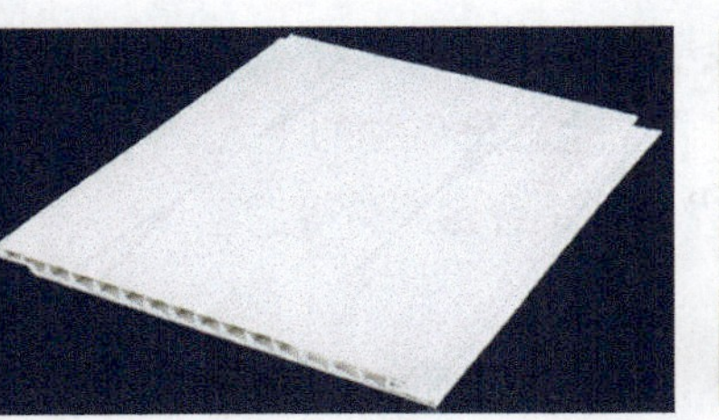

图 4-7　PVC 天花样图

图 4-8　矿棉板实景图

矿棉板及硅钙板表面均可以制作各种色彩的图案与立体形状，多与轻钢龙骨或者铝合金龙骨搭配使用，在实用性的基础上还有不错的装饰性能，被广泛地应用于会议室、办公室、影院等公共空间中。矿棉板实景图如图 4-8 所示。

4. 玻璃

将装饰玻璃直接用于天花作为装饰也是目前较为常见的装饰手法。装饰玻璃的种类很多，我们在之前的装饰玻璃章节中已经有了详细介绍。天花用装饰玻璃主要有彩色玻璃、镜面玻璃、磨砂玻璃等。玻璃利用灯光折射出漂亮的光影效果，是目前很受欢迎的一种装饰方式。玻璃实景效果如图 4-9 所示。

图 4-9　玻璃天花效果

5. 软膜天花

软膜天花又称为柔性天花、拉展天花、拉蓬天花等，采用特殊的聚氯乙烯材料制成。软膜天花最大的特点是材料为柔性的，并且可以设计成各种平面和立体形状，颜色也非常多样化。装饰平整度和效果均要强于一般的石膏板天花。软膜天花厚度大约为 0.18mm，其防火级别为国家 B1 级。

不过，软膜需要在实地测量天花尺寸后，在工厂

图 4-10　软膜天花效果

里制作完成。目前在家居空间的使用并不是很多，但在工装中已经开始得到了广泛应用。软膜天花效果如图 4-10 所示。

4.3.2　常见吊顶材料的选购要点

石膏板和铝扣板是目前应用最为广泛的吊顶材料，上文已重点介绍石膏板和铝扣板的选购，至于其他的吊顶材料，可参照石膏板和铝扣板的选购或者其他章节中相关材料的选购。

4.4　装饰骨架材料

4.4.1　装饰骨架材料的主要种类及应用

骨架材料是室内装修中用于支撑基层的结构性材料，能够起到支撑造型、固定结构的作用。骨架材料使用非常普遍，被广泛用于吊顶、实木地板、隔墙以及门窗套等施工中。骨架材料也叫龙骨，种类很多，根据使用部位可分为吊顶龙骨、竖墙龙骨、铺地龙骨以及悬挂龙骨等。根据装饰施工工艺不同，还可以分为承重和不承重龙骨，也就是俗称的上人龙骨和不上人龙骨。根据制作材料的不同，则可分为木龙骨、轻钢龙骨、铝合金龙骨等。

1. 木龙骨

木龙骨是一种较为常见的龙骨，俗称木方，多采用松木、椴木、杉木等木质较软的木材制作，为长方形或者正方形的条状。在吊顶、隔墙和实木地板等制作过程中，通常是将木龙骨用射钉或木钉固定成纵横交错、间距相等的网格状支架，上面再装地板、石膏板、大芯板等板材，在施工中这道工序叫作打龙骨。

木龙骨更多是用于家居中，因为木龙骨采用的原料为木材，防火性能较差，在公共空间装修中是被禁止使用的，即使在家居装修中使用，也必须在木龙骨上再刷上一层防火涂料。此外，木龙骨还容易遭虫蛀和腐朽，所以在使用时还需要进行防虫蛀和防腐处理。但是木龙骨也具有施工方便，容易制作出一些较复杂的造型的优点，因而在室内装修中也有非常广泛的应用。在客厅等空间吊顶使用木龙骨时，由于会有电线在里面，所以最好涂上防火涂料，一般涂过防火涂料的木龙骨看上去有些发白，由此可以判断装修公司是否偷工减料了。

根据木龙骨在家装中使用部位不同而采用不同尺寸的截面，一般用于吊顶、隔墙的主龙骨截面尺寸为 50mm×70mm 或 60mm×60mm；而次龙骨截面尺寸为 40mm×60mm 或 50mm×50mm；用于轻质扣板吊顶和实木地板铺设的尺寸为 30mm×40mm 或 25mm×30mm 等，木龙骨样图如图 4-11 所示。

图 4-11　木龙骨样图

2. 轻钢龙骨

轻钢龙骨是以镀锌钢板经冷弯或冲压而成的骨架支撑材料。木龙骨本身的防火性能和防虫性能较差，轻钢龙骨则没有这方面的问题，而且强度和牢固性更好，不容易变形，是替代木龙骨的最佳材料。轻钢龙骨在公共空间的装修中已经得到了全面的使用，在家居装修中的应用也日渐广泛。如果可能，施工中尽量用轻钢龙骨取代木龙骨。

轻钢龙骨按用途分有吊顶龙骨和隔断龙骨，隔断龙骨主要规格有 Q50、Q75 和 Q100 等，分别适用于不同高度的隔断墙。一般来说，如果所做的隔断墙的高度在 3m 以下，使用规格为 Q50 的轻钢龙骨就可以了。吊顶龙骨的主要规格有 D38、D45、D50 和 D60 等。D38 用于吊点间距为 900 ~ 1200mm 的不上人吊顶，D50 用于吊点间距为 900 ~ 1200mm 的上人吊顶，D60 用于吊点间距为 1500mm 上人加重吊顶。按断面形状分有 U 形、T 形、C 形、L 形等种类。

轻钢龙骨的构件很多，主件分为大、中、小龙骨，配件则有吊挂件、连接件、挂插件等。和木龙骨相比，轻钢龙骨具有自重轻，刚度大，防火，防虫，制作隔墙、吊顶更加坚固，不易变形的优点，但是轻钢龙骨施工相对复杂，对施工工艺要求较高，而且不容易做出一些很复杂的造型。轻钢龙骨隔墙与天花如图 4-12 所示。

图 4-12　轻钢龙骨隔墙与轻钢龙骨天花

3. 铝合金龙骨

铝合金龙骨是以铝板轧制而成，专用于拼装式吊顶的龙骨。铝合金材质美观大方，面层还可以采用喷塑或烤漆等方法进行处理，装饰效果更好。铝合金龙骨也可以用作地面龙骨，但更多是与硅钙板和矿棉板搭配使用于公共空间的吊顶安装中。铝合金龙骨和轻钢龙骨性能相近，同样具有刚性强、不易产生变形的优点，同时也没有虫蛀、腐朽和防火性能差的问题。但是铝合金龙骨的成本较高，在应用上不如轻钢龙骨那么广泛，如图 4-13 所示。

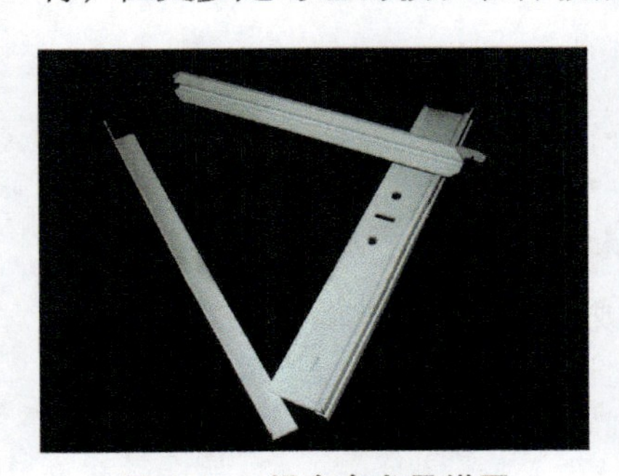

图 4-13　铝合金龙骨样图

除了常见的木龙骨、轻钢龙骨、铝合金龙骨外，市场上还有一种塑料龙骨。塑料龙骨有链条式、轨道式两种，在性能上基本与木龙骨一样，也同样具有施工方便、价格低的优点，同时不会出现木龙骨易遭虫蛀、腐朽的问题。但是塑料制品的刚性差，同时也容易老化变形，因此在市场应用上并没有木龙骨和轻钢龙骨那么广泛。

4.4.2　装饰骨架材料的选购要点

1. 木龙骨

① 木龙骨必须平直，木龙骨弯曲容易造成基层及面层结构变形。

② 看所选的木方横切面的规格是否符合要求，头尾是否光滑、均匀，不能大小不一。

要选择密度大的木方，用手拿有沉重感，且指甲不易抠出明显的痕迹。

③ 新鲜的木方略微带红色，纹理清晰，如果其色彩呈暗黄色，无光泽，说明是朽木；选择疤节较少的木龙骨，因为木龙骨上的疤节很硬，吃钉力较差，钉子、螺钉在疤节处拧不进去或容易钉断木方。

④ 木龙骨上没有虫眼，这点需要特别注意。虫眼是蛀虫或虫卵藏身处，用了带虫眼的木龙骨会给以后的使用带来很大的麻烦。

⑤ 木材必须干燥，含水率太高的木龙骨变形的概率很高。

2. 轻钢龙骨及铝合金龙骨

轻钢龙骨及铝合金龙骨都属于金属骨架材料，在选购上共同点较多，因而归类在一起介绍。轻钢龙骨及铝合金龙骨需要从以下几个方面进行考虑。

① 外表平整，棱角分明，手摸无毛刺，表面无腐蚀、损伤等明显缺陷。优等品不允许有腐蚀、损伤、黑斑、麻点。

② 轻钢龙骨双面都应进行镀锌防锈处理，且镀层应完好无破损。镀锌轻钢龙骨有原板镀锌和后镀锌之分，原板镀锌轻钢龙骨强度和防锈性能都要强于后镀锌轻钢龙骨。区分很简单，原板镀锌轻钢龙骨上面有雪花状的花纹，所以市场上有时也直接称之为“雪花板”。

③ 相对来说，铝合金和轻钢龙骨的厚度越大，其强度就越好，变形的概率就越低。通常而言，铝合金龙骨壁厚不低于 0.8mm，轻钢龙骨壁厚不低于 0.6mm。

4.5 装饰板材

4.5.1 装饰板材的主要种类及应用

装饰板材是室内装饰必不可少的一种材料，在各类木工作业中都被大量使用。由于大多装饰板材品种都是采用胶粘的方式制成的，因而或多或少在环保性上都有所欠缺。在使用装饰板材时需要重点考虑其环保问题。

1. 装饰板材的主要种类及其应用

装饰板材种类繁多，根据施工中使用部位不同，可以分为基层板材和饰面板材两大类。饰面板材通常具有漂亮的纹理，用在外面起到一个装饰作用，像饰面板、防火板、铝塑板就是常用的饰面板材类型；基层板材通常都是作为基层材料应用，在外面一般看不到，像大芯板、胶合板、密度板就是常用的基层板材类型。如果基层板材用在外面，通常还会在基层板材上刷上不透明的颜色漆进行遮盖，这种施工作法叫作混水或混油；饰面板材因为本身就具有漂亮的纹理，所以即使上漆也通常是透明漆，这种施工作法通常叫作清水或清油。

（1）夹板

夹板也常被称为胶合板或者细芯板，是现代木工工艺较为常用的材料，一般是由三层或多层 1mm 左右的实木单板或薄板胶贴热压制成，一层即为一厘，按照层数的多少叫做三厘板、五厘板、九厘板等（装饰中的一厘就是现实中的 1mm。不光板材如此，玻璃等材料也同样如此）。常见的有三厘板、五厘板、九厘板、十二厘板、十五厘板和十八厘板这六种规格厚度，大小通常为 1220mm ×2440mm。夹板样图如图 4-14 所示。

图 4-14　胶合板样图

夹板的特点是结构强度高，拥有良好的弹性、韧性，易加工和涂饰作业，能够较轻易地创造出弯曲的、圆的、方的等造型。早些年夹板是制作天花的最主要材料，但近些年已经被防火性能更好的石膏板所取代。夹板目前更多用作饰面板材的底板、板式家具的背板、门扇的基板等。

夹板含胶量相对较大，施工时要做好封边处理，尽量减少污染。同时因为夹板的原材料为各种原木材，所以也怕白蚁，在一些大量采用夹板的木工作业中，还要进行防白蚁处理。

（2）饰面板

饰面板也叫贴面板，也属于胶合板的一种。和普通胶合板不同的是饰面板的表面贴上了各种具有漂亮纹理的天然或人造板材贴面。这些贴面具有各种木材的自然纹理和色泽，所以饰面板在外观上明显要比普通胶合板漂亮，被广泛应用于各类室内空间的面层装饰。

饰面板根据面层木种纹理的不同，有数十个品种。常用的面层分类有柳木、橡木、榉木、白枫木、红樱桃、胡桃木等，如图 4-15 所示。饰面板因为只是作为装饰的贴面材料，所以通常只有三厘一种厚度，规格也为 2440mm×1220mm。饰面板在装修中起着举足轻重的作用，种类众多，适用范围广泛，色泽与花纹上都具有很大的选择性。门、家具、墙面上通常都会用到这种板材，可用作墙壁、木质门、家具、踢脚线等表面饰材。

图 4-15　常见饰面板样图

2. 大芯板

大芯板也常被称为细木工板或木工板，由上下两层胶合板加中间木条构成，也是室内最为常用的板材之一。其尺寸规格为 1220 mm×2440mm，厚度多为 15mm、18mm、25mm，越厚价格越高。大芯板样图如图 4-16 所示。

杨木、桦木、松木、泡桐等都可制作大芯板的内芯木条，其中以杨木、桦木为最好，质地密实，木质不软不硬，握钉力强，不易变形。细木工板的加工工艺分机拼和手拼两种，相对而言，机拼的板材受到的挤压力较大，缝隙较小，拼接平整，承重力均匀，长期使用不易变形。

大芯板握螺钉力好，重量轻，易于加工，不易变形，稳定性强于胶合板，在家具、门窗、窗帘盒等木作业中大量使用，是装修中墙体、顶部木装修和木工制作的必不可少的木材制品。大芯板的最主要缺点是其横向抗弯性能较差，当用于制作书柜等承重要求较高的项目时，书架间距过大的话，大芯板自身强度往往不能满足书柜的承重要求。解决方法只能是将书架之间的间距缩小。

图 4-16　大芯板样图

大芯板的环保性也是一个大问题，因为大芯板的构造是中间多条木材黏合成芯，两面再贴上胶合板，都是由胶水黏结而成，甲醛含量不低，所以不少大芯板锯开后有刺鼻的味道。

3. 密度板

密度板也叫纤维板，是将原木脱脂去皮，粉碎成木屑后再经高温、高压成型，因为其密度很高，所以被称为密度板。在之后的复合木地板介绍中也会提到密度板的使用，复合木地板的基层就是采用高、中密度板制作的。密度板分为高密度板、中密度板、低密度板，密度在 800kg/m^3 以上的是高密度板，密度在 450 ~ 800kg/m^3 的是中密度板，低于 450kg/m^3 为低密度板。区分很简单，同样规格越重的密度越高。密度板样图如图 4-17 所示。

图 4-17　密度板样图

密度板结构细密，表面特别光滑平整，性能稳定，边缘牢固，加工简单，很适合制作家具，目前很多板式家具及橱柜基本都是采用密度板作为基材。在室内装修中主要用于强化木地板、门板、家具等制作。

密度板的缺点是握钉力不强，由于它的结构是木屑，没有纹路，所以当钉子或是螺丝紧固时，特别是钉子或螺丝在同一个地方紧固两次以上的话，螺钉旋紧后容易松动。所以密度板的施工主要采用贴而不是钉的工艺。比如橱柜门板，多是将防火板用机器压制在密度板上。密度板的缺点有遇水后膨胀率大和抗弯性能差，不能用于过于潮湿和受力太大的木工作业中。

4. 刨花板、欧松板、澳松板

刨花板是将天然木材粉碎成颗粒状后，加入胶水、添加剂压制而成，因其剖面类似蜂窝状，极不平整，所以称为刨花板。刨花板在性能特点上和密度板类似。

刨花板材质疏松易松动，抗弯性和抗拉性较差，强度也不如密度板，所以一般不适宜制作较大型或者承重要求较高的家具。但是刨花板价格相对较低，同时握钉力较好，加工方便，甲醛含量虽比密度板高，但比大芯板要低得多。可以用于一些受力要求不是很高的基层部位，也可以作为垫层和结构材料。现在很多厂家生产出的板式家具也都采用刨花板作为基层板材。在装修施工中则主要用作基层板材、制作普通家具等。其常用规格尺寸为 1220mm × 2440mm，厚度为 3 ~ 30mm。刨花板样图如图 4-18 所示。

图 4-18　刨花板样图

目前市场上有一种欧松板的板材比较受欢迎。欧松板的学名叫定向结构刨花板，严格说也属于刨花板的一种。欧松板在国内算是一种较为新型的板种，应用时间不是很长。它以小径材、木芯为原料，通过专用设备加工成长 40 ~ 100mm、宽 5 ~ 20mm、厚 0.3 ~ 0.7mm 的刨片，经干燥、施胶、定向铺装和热压成型。在装修中多用于制作各种家具，甚至很多的大型家具企业都开始使用“欧松板”制作家具。

欧松板的最大优点是甲醛释放相对较少，对螺钉吃力较好，并且结实耐用，不易变形，可用作受力构件，用于制作书柜、书架等承重较高的家具非常合适。但是由于欧松板使用薄木片热压而成，木片与木片之间或多或少会有一些空隙存在，从整体上形成了许多细小的坑洞。此外，欧松板价格也较高。在本书木工施工章节中，会采用欧松板进行柜类家具的制作。

除了欧松板，市场上还有一种澳松板。澳松板最早产于澳大利亚，采用辐射松（澳洲松木）原木制成，因此得名澳松板。它属于密度板的范畴，是大芯板、胶合板、密度板的替代升级产品。澳松板具有很高的内部结合强度，每张板的板面均经过高精度的砂光，表面光洁度较高。此外，澳松板比较环保，硬度大，承重好，防火防潮性能优于传统大芯板，在装修中多用于家具制作中的饰面和背板。澳松板和欧松板一样，对螺钉的握钉效果很好，但对于直钉咬合力不够，这和国外木器加工大多用螺钉有很大关系。

5. 三聚氰胺板

三聚氰胺板简称三氰板，又叫作双饰面板、生态板等，它的基材也是刨花板和中纤板，由基材和表面黏合而成，是将带有不同颜色或纹理的纸放入三聚氰胺树脂胶黏剂中浸泡，然后干燥到一定固化程度，将其铺装在刨花板、密度板等板材表面，经热压而成的装饰板。简单来讲，三聚氰胺板就是在密度板或者刨花板上贴上了一层有漂亮纹样的塑料，如图 4-19 所示。

图 4-19　三聚氰胺板样图

三聚氰胺板可以任意仿制各种图案，多用作各种人造板和木材的贴面，硬度大，耐磨，耐热性好，表面平滑光洁，易维护清洗。

三聚氰胺板最初是用来做电脑桌等办公家具，多为单色板。因为用三聚氰胺板制作的家具不必上漆，

各种性能不错且价格较低，所以它成为目前家具厂制作板式家具的首选材料。在室内装修中，除了用于家具及橱柜的制作，三聚氰胺板还被广泛用于办公空间的墙面装饰，如图 4-20 所示。

图 4-20　三聚氰胺板用于墙面装饰

6. 防火板

防火板是一种复合材料，是用牛皮纸浆加入调和剂、阻燃剂等化工原料，经过高温高压处理后制成的室内装饰贴面材料。防火板最大的特点是具有良好的耐火性，也因此被称为防火板。但它不是真的不怕火，只是耐火性较强。防火板这种特性使得它成为橱柜制作的最佳贴面材料。防火板同时还具有耐磨、耐热、耐撞击、耐酸碱和防霉、防潮等优点。

防火板常用规格有 2135mm×915mm、2440mm×915mm 和 2440mm×1220mm，厚度一般为 0.6mm、0.8mm、1mm 和 1.2mm。防火板的面层可以仿出各种木纹、金属拉丝、石材等效果，再加上其优良的耐火性能，因而在橱柜、展柜等面层装饰上得到了广泛的应用。防火板样图如图 4-21 所示。

图 4-21　防火板样板

防火板从底面至表面共分四层，依次为黏合层、基层、装饰层、保护层。其中黏合层和保护层对防火板质量的影响最大，也决定了防火板的档次及价位。质量较好的防火板价格比装饰面板还要高。需要特别注意的是，防火板的施工对于粘贴胶水的技术要求比较高，要掌握刷胶的厚度和胶干时间，并要一次性粘贴好。

7. 铝塑板

铝塑板又叫铝塑复合板，它由上下两面薄铝层和中间的塑料层构成，上下层为高纯度铝合金板，中间层为 PE 塑料芯板。铝塑板样图如图 4-22 所示。

铝塑板可以切割、裁切、开槽、带锯、钻孔，还可以冷弯、冷折、冷轧，在施工上非常方便。同时还具有轻质、防火、防潮等特点，而且铝塑板还拥有金属的质感和丰富的色彩，装饰性相当不错。铝塑板在建筑外观和室内均有广泛的应用，尤其是在建筑外观上被广泛用于高层建筑的幕墙装修、大楼包柱、广告招牌等，如图 4-23 所示。在室内目前则多用于办公空间形象墙、展柜、厨卫吊顶等面层装饰。

铝塑板分室内和外墙两种，室内的铝塑复合板由两层 0.21mm 的铝板和芯板组成，

图 4-22　铝塑板样图

图 4-23　铝塑用于幕墙装修

总厚度为 3mm；外墙的铝塑复合板厚度应该达到 4mm，由两层 0.5mm 的铝板和 3mm 的芯板材料组成。

4.5.2 装饰板材的选购要点

装饰板材是室内装修用量最大的一种材料，而且由于板材大多是采用胶黏工艺生产的，同时又经常会在表面进行油漆处理，是室内污染的最主要源头，因而在选购装饰板材时需要特别注意质量方面的问题。

1. 夹板

（1）外观

夹板要求木纹清晰，胶合板表面不应有破损、碰伤、疤节等明显疵点；正面要求光滑平整，摸上去不毛糙、无滞手感。

（2）胶合

如果胶合板的胶合强度不好，容易分层变形。因此，选择胶合板时需要注意从侧面观察胶合板有无脱胶现象，应挑选不散胶的胶合板。

（3）板材

胶合板采用的木材种类有很多，其中以柳桉木的质量最好。柳桉木制作的胶合板呈红棕色，其他杂木（如杨木等）制作的胶合板则多呈白色，而且柳桉木制作的胶合板同规格下份量更重些。

（4）甲醛

注意胶合板的甲醛含量不能超过国家标准，国家标准要求胶合板的甲醛含量应小于 1.5mg/L 才能用于室内，可以向商家索取夹板检测报告和质量检验合格证等文件，应避免选择具有刺激性气味的胶合板。

2. 饰面板

（1）外观

饰面板的外观尤其重要，它的效果直接影响到室内装饰的整体效果。饰面板纹理应细致均匀、色泽明晰、木纹美观；表面应光洁平整，无明显瑕疵和污垢。

（2）表层厚度

饰面板的美观性基本上就靠表层贴面，这层贴面多是采用较名贵的硬质木材削切成薄片粘贴的，有无这层贴面也是区分饰面板和胶合板的关键。表层贴面的厚度必须在 0.2mm 以上，越厚越好。有些饰面板表层面板厚度只有 0.1mm 左右，商家为防止表层面板太薄而透出底板颜色，会先在底板上刷一层与表层面板同色的漆来掩饰。

饰面板也属于胶合板的一种，其他方面的选购要求和胶合板一样，具体参看胶合板选购。

3. 大芯板

国家质检总局曾经对大芯板产品质量进行了监督抽查，共抽查了 11 个省、直辖市 91 家企业生产的 91 种产品，合格 48 种，产品抽样合格率为 52.7%。由此也可见大芯板的质

量状况。购买时除需要购买正规厂家产品外，还需要注意以下几点。

（1）外观

大芯板表面应平整，无翘曲、变形、起泡等问题。好的板材是双面砂光，用手摸感觉非常光滑；四边平直，从侧面看板芯木条排列整齐，木条之间的缝隙不能超过 3mm。选择时可以对着太阳看，如果中间层木条的缝隙大的话，缝隙处会透白。

（2）板芯

板芯的拼接分为机拼和人工拼接两种。机拼相比人工拼接，芯板木条间受到的挤压力较大，缝隙极小，拼接平整，长期使用不易变形，更耐用。大多数板材是越重越好，但大芯板正好相反，越重反而越不好。因为重量越大，越表明这种板材板芯使用了杂木。这种用杂木拼成的大芯板很难钉进钉子，不好施工。

（3）甲醛

甲醛含量高是大芯板最大的一个问题，在选购大芯板时这点是最需要注意的。国家标准要求室内大芯板的甲醛释放量一定要小于或等于 1.5mg/L 才能用于室内。这个指标越低越好，选择时可以查看产品检测报告中的甲醛释放量。还可以闻一下，如果大芯板散发出木材本身清香气味，说明甲醛释放量较少；如果气味刺鼻，说明甲醛释放量较多。另外，大芯板根据其有害物质限量分为 E1 级和 E2 级两类。E2 级甲醛含量超过 E1 级 3 倍，居室装修只能用 E1 级。

（4）含水率

细木工板的含水率应不超过 12%。优质细木工板采用机器烘干，含水率可达标，劣质大芯板含水率常不达标。干燥度好的板材相对较轻，外表很平整。

4. 密度板、刨花板

密度板、刨花板的选购和大芯板基本一致，不过密度板的表面最为光滑，摸上去感觉更细腻，而刨花板是板材中面层最粗糙的。刨花板中不允许有断痕、透裂、胶斑、石蜡斑、油污斑等污点、边角残损等缺陷。同时密度板、刨花板也和大芯板一样，在甲醛含量上分为 E1 级和 E2 级两类，E1 级甲醛释放量更低，更环保。其他环节的选购参照大芯板的选购内容即可。

5. 铝塑板、防火板

铝塑板、防火板和之前介绍的板材不太一样，之前介绍的大芯板、胶合板、密度板、刨花板、饰面板都是以木材为原料经各种加工工艺制成的，而铝塑板和防火板则是一种复合型材料，和木材没有任何关系，也就不存在木制材料那些含水率、膨胀率等问题。相对木制板材而言，复合材料的铝塑板、防火板在质量上的问题不多，选购也相对轻松，只需要注意以下几个问题即可。

（1）外观

板材尺寸应规范，厚薄均匀，表面平整，板型挺直，摸一下感觉不应太软。表面看上去应整洁，无色差、破损、光泽不均匀等明显的表面缺陷。

（2）厚度

室内用铝塑板厚度应为 3mm，外墙用铝塑板厚度应为 4mm。如果是双面铝塑板，厚度要增加一倍，即内墙板厚度应为 6mm，外墙板厚度应为 8mm。防火板的厚度应该在 0.6mm 以上，最好达到 0.8mm。

（3）韧性

裁下一小条板材用力折弯，好的板材不应发生明显的脆性断裂。

（4）味道

无论铝塑板还是防火板都应无刺鼻的有机溶剂气味。

4.6 装饰玻璃

现代玻璃的品种多样，在美观性和实用性上都有极大的提高，各类装饰玻璃在室内都有着广泛的应用，可以说金属和玻璃是现代主义设计风格中两大最能体现风格特色的材料。

用玻璃来构筑隔断空间是较为巧妙的一种设计，如玄关、厨房、客厅隔断、主人房卫浴、办公空间前台等，既间隔出了空间的区分，又不与整个空间完全割裂开，既保留通透、开放的感觉，又保证了充足的采光，真正实现了“隔而不断”的意境。

4.6.1 装饰玻璃的主要种类及应用

玻璃已经由过去单纯的采光材料向控制光线、节约能源等各种功能性要求发展，同时还可以通过着色、磨砂、压花等工艺生产出各种外形漂亮的装饰玻璃品种。目前市场上装饰玻璃的品种非常多，常见的室内装饰玻璃品种如下所述。

1. 平板玻璃

平板玻璃是最常见的一种传统玻璃品种，其表面具有较好的透明度且光滑平整，所以称为平板玻璃，有时也被称为白玻或者清玻，主要用于门窗，起着透光、挡风和保温作用。平板玻璃样图如图 4-24 所示。

图 4-24　平板玻璃样图

按照生产工艺的不同，平板玻璃可以分为普通平板玻璃和浮法玻璃两种。普通平板玻璃是用石英砂岩粉、硅砂、钾化石、纯碱等原料，按一定比例配制，经熔窑高温熔融生产出来的透明无色的传统玻璃产品。浮法玻璃生产过程是在充入保护气体的锡槽中完成的，熔融玻璃液从池窑中连续流入并漂浮在相对密度大的锡液表面上，在重力和表面张力的作用下，玻璃液在锡液面上铺开、摊平，使上下表面平整、硬化。相对于普通平板玻璃而言，浮法玻璃表面更平滑，无波纹，透视性更好，厚度均匀，上下表面也更平整。浮法玻璃可以认为是普通平板玻璃的升级产品。

平板玻璃厚度为 3 ~ 25mm，常见的厚度有 3mm、4mm、5mm、6mm、8mm、10mm、12mm 七种规格。一般而言，3 ~ 5mm 厚的平板玻璃主要用于外墙窗户、推拉门窗等面积较小的透光造型中，而对于一些室内大面积玻璃装饰以及栏杆、地弹簧玻璃门等具有安全要求的空间，则更宜采用 9 ~ 12mm 厚的玻璃。

此外，很多品种的装饰玻璃，如磨砂玻璃、彩色玻璃、喷花玻璃等也是在平板玻璃的基础上加工出来的。

2. 彩色玻璃

彩色玻璃也是一种常见的装饰玻璃品种，根据透明度可以分为透明、半透明和不透明三种。

透明彩色玻璃是在玻璃原料中加入金属氧化剂，从而使玻璃具有各种各样的颜色，例如，加入金呈现红色，加入银呈现黄色，加入钙呈现绿色，加入钴呈现蓝色，加入铵呈现紫色，加入铜呈现玛瑙色。透明彩色玻璃有着很好的装饰效果，尤其是在光线的照射下会形成五彩缤纷的投影，造成一种神秘、梦幻的效果，常用于一些对于光线有特殊要求的隔断墙、门窗等部位，如图 4-25 所示。

图 4-25　彩色玻璃装饰效果

半透明彩色玻璃又称为乳浊玻璃，是在玻璃原料中加入乳浊剂，具有透光不透视的特性，在它的基础上还可以加工出钢化玻璃、夹层玻璃、夹丝玻璃、压花玻璃等多个品种，同样有着非常不错的装饰性。

不透明彩色玻璃是在平板玻璃的基础上经过喷涂彩色釉或者高分子有色涂料制成的，有时也被市场称为喷漆玻璃，是目前市场上非常受欢迎的一种装饰玻璃品种。其既具有塑料板材的多色彩，又具有玻璃独有的细腻和晶莹，用于室内能够营造出很现代的感觉。在它基础上制成的不透明彩色钢化玻璃更是兼具良好的安全性和装饰性。不透明彩色玻璃目前在居室的装饰墙面和商店的形象墙面上都有广泛的应用。

彩色玻璃颜色艳丽，在室内过多使用容易造成花哨的感觉，但在对颜色有特殊要求的地方，例如，娱乐空间、KTV、儿童房等空间适量使用无疑会形成很强烈的视觉效果。

3. 磨砂玻璃

磨砂玻璃又称为毛玻璃，它是将平板玻璃的一面或者两面用金刚砂、硅砂、石榴粉等磨料经机械喷砂、手工研磨或用氢氟酸溶蚀等方法处理成均匀毛面。磨砂玻璃具有透光不透视的特性，射入的光线经过磨砂玻璃后会变得柔和、不刺目，如图 4-26 所示。

磨砂玻璃主要应用在要求透光而不透视、隐秘而不受干扰的空间，如厕所、浴室、办公室、会议室等空间的门窗；同时还可以采用磨砂玻璃作为各种空间的隔断材料，可以起到隔断视线、柔和光环境的作用；也可用于既要求分隔区域又要求通透的地方，如玄关、屏风等。

图 4-26　磨砂玻璃效果

4. 喷砂玻璃

市场上还有一种外观上类似磨砂玻璃的喷砂玻璃，它是用压缩空气将细砂喷至平板玻璃表面上进行研磨制成的，它主要应用于室内隔断、装饰、屏风、浴室、家具、门窗等。喷砂玻璃在外观和性能上与磨砂玻璃极其相似，不同的是改磨砂为喷砂。由于两者视觉上相似，很多业主，甚至专业人士都把它们混为一谈。

5. 裂纹玻璃

在喷砂玻璃的基础上还可以加工出市场上风靡一时的裂纹玻璃，又叫冰花玻璃。裂纹玻璃一经面世就受到市场的强烈追捧，到目前为止也是市场上最热销的一种玻璃品种。它是在喷砂玻璃上将具有很强黏附力的胶液均匀地涂在表面，因为胶液在干燥过程中会造成体积的强烈收缩，而胶体与玻璃表面又具有极其良好的黏结性，这样就使得玻璃表面发生不规则撕裂现象，如图 4-27 所示。

图 4-27　裂纹玻璃效果

此外，还有一种模仿磨砂玻璃效果制造出来的半透明磨砂玻璃纸，贴在平板玻璃的表面也能够模拟出磨砂玻璃的效果。

6. 压花玻璃

压花玻璃又称为花纹玻璃或滚花玻璃。它是在平板玻璃硬化前用带有花样图案的滚筒压制而成的，表面带有各种压制而成的纹理和图案，在装饰性上要明显强于平板玻璃。因为表面有各种图案和纹理，因而压花玻璃和磨砂玻璃一样具有透光不透视的特点，不同的是磨砂玻璃表面是细小的颗粒，而压花玻璃表面大多是一些花纹和图案，如图 4-28 所示。

在应用上压花玻璃也和磨砂玻璃一样，多用在一些要求透光而不透明、隐秘而不受干扰的空间，但由于压花玻璃的装饰性更强，在一些有较高装饰要求的墙面上，如电视背景墙等处也可采用。

图 4-28　压花玻璃效果

7. 钢化玻璃

钢化玻璃是将玻璃加热到接近玻璃软化点的温度

（600℃～650℃）以急剧风冷或用化学方法钢化处理所得的强化玻璃品种，是一种安全玻璃。在相同厚度下，钢化玻璃的强度比普通平板玻璃高3～10倍；抗冲击性能也比普通玻璃高5倍以上。钢化玻璃的耐温差性能也非常好，一般可承受150℃～200℃的温差变化，耐候性更强。

最为重要的是钢化玻璃被敲击时不易破裂，用力敲击时会呈网状裂纹，彻底敲击破碎后碎片呈钝角颗粒状，棱角圆滑，对人不会有严重伤害。相比普通玻璃碎后生成很多锋利尖角的碎片，钢化玻璃要安全得多。钢化玻璃的最大问题是不能切割、磨削，边角不能碰击，现场加工必须按照设计要求的尺寸预先定做。

图 4-29 钢化玻璃效果

钢化玻璃的应用很广泛，可以用于门窗、墙面、甚至地面，例如，运用在别墅或者复式楼房的楼梯或者楼道上，无疑会给人造成一种惊喜的感受。在一些追求新颖的公共空间的地面也会采用，在架空的钢化玻璃下面的地面上再铺上细沙和鹅卵石，配上灯光，营造出的效果非常不错。此外，钢化玻璃也经常被用作隔断，尤其在家居空间的浴室经常采用钢化玻璃作为隔断，如图4-29所示。

8. 夹胶玻璃

夹胶玻璃又称为夹层玻璃、真空玻璃，相比其他玻璃，它在安全性上有自己突出的优点。夹胶玻璃一般由两片或多片普通平板玻璃（也可以是钢化玻璃或其他特殊玻璃）和夹在玻璃之间的有机胶合层构成的，当受到破坏时，碎片仍黏附在胶合层上，避免了碎片飞溅对人体的伤害，因此它被誉为安全玻璃。夹胶玻璃样图如图4-30所示。

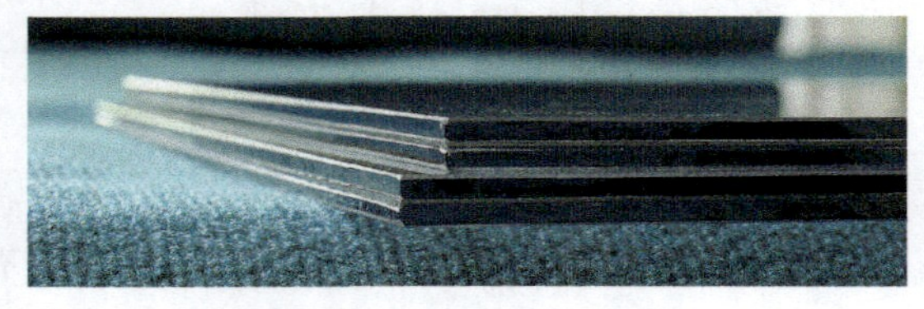
图 4-30 夹胶玻璃样图

夹胶玻璃的类型多种多样，根据中间膜的熔点不同，可分为低温夹层玻璃、高温夹层玻璃、中空玻璃；根据中间所夹材料不同，可分为夹纸、夹布、夹植物、夹丝、夹绢、夹金属丝等；根据夹层间的黏结方法不同，可分为混法夹层玻璃、干法夹层玻璃、中空夹层玻璃；根据夹层的层类不同，可分为一般夹层玻璃和防弹玻璃。

在琳琅满目的装饰玻璃中，夹胶玻璃的隔音效果非常好。夹胶玻璃中间是PVC膜，除了能防止玻璃在破碎时飞溅以外，还能很好地吸收声波。

根据夹胶玻璃的特点，它可以应用于室内任何需要使用玻璃的空间。但实际上，夹胶玻璃在家庭装修中应用得非常少，它比较适用于天窗、幕墙、商店和高层建筑窗户等对安全性要求较高的空间，一旦玻璃破碎，碎片也没有落下的危险。防弹玻璃实际上也是夹胶玻璃的一种。防弹玻璃是采用多层钢化玻璃制作而成的，在一些需要很高安全级别的银行或者豪宅空间中有较多使用。

9. 中空玻璃

中空玻璃是一种节能玻璃品种，它由两层或两层以上平板玻璃或钢化玻璃所构成，玻璃与玻璃之间保持一定间隔，四周用高强度、高气密性复合黏结剂密封，有些中空玻璃中间还会充入阻隔热传导的惰性气体。中空玻璃主要用于门窗玻璃，相对于常规的平板玻璃而言，有着更好的隔热、隔音、节能性能。

中空玻璃最大的优点是其中间的空气层能够有效降低玻璃两侧的热交换，起到很好的节能效果。由于中空玻璃密封的中间空气层导热系数较平板玻璃要低得多，因此，与单片玻璃相比，中空玻璃的隔热性能可提高两倍以上，用于建筑物的窗户玻璃能够大幅度降低空调的能耗。而且中间的空气层间隔越厚，隔热、隔音性能就越好。夏天可以隔热，冬天则保持室内暖气不易流失，节能效果显著，是目前建筑窗户用玻璃产品的首选。除了隔热性能良好外，中空玻璃的隔音性能也比普通平板玻璃要强很多，对于一些路边的建筑物而言，采用中空玻璃能够使室内噪声污染大幅减小。

中空玻璃有双层和多层之分，玻璃多采用 3 ~ 6mm 厚的平板玻璃或钢化玻璃原片，空气层厚度多为 6mm、9mm 和 12mm。中空玻璃样图如图 4-31 所示。

10. 玻璃砖

玻璃砖又称特厚玻璃，有空心和实心两种。实心玻璃砖是采用机械压制方法制成的，因为实心的缘故，所以很重，应用相对较少；空心玻璃砖是采用箱式模具压制，将玻璃加热熔接成整体，中间空心部分充以干燥空气，经退火后制成的，是目前市场上玻璃砖的主流产品。

玻璃砖的尺寸一般有 145mm、195mm、250mm、300mm 等规格，相对于其他玻璃品种而言显得特别厚重。玻璃砖表面大多压制了各种纹理，在装饰上有其自身独有的效果。由于表面有各种纹理，玻璃砖也具有透光不透视的特点，在室内多用于隔断墙制作中，既可单块镶嵌使用，也能整片墙面使用。在透光良好的前提下，还具有隔音、隔热、防水的优点，比起采用石膏板或者砖制成的隔断墙有其独具的优点，如图 4-32 所示。

图 4-31　中空玻璃

图 4-32　玻璃砖实景效果

11. 镭射玻璃

镭射玻璃在玻璃或透明有机涤纶薄膜上涂敷一层感光层，利用激光刻划出任意的几何光栅或全息光栅，在同一块玻璃上可形成上百种图案。

镭射玻璃的特点在于，当它处于任何光源照射下时，都将因衍射作用而产生色彩变化。而且，对于同一受光点或受光面而言，随着入射光角度及人的视角的不同，所产生的光的色彩及图案也将不同，其装饰效果是其他材料无法比拟的。镭射玻璃样图如图 4-33 所示。目前国内生产的镭射玻璃的最大尺寸为 1000mm × 2000mm，在此范围内有多种规格的产品可供选择。

图 4-33 镭射玻璃样图

镭射玻璃大体上可分为两类。一类是以普通平板玻璃为基材制成的，主要用于墙面、顶棚等部位的装饰；另一类是以钢化玻璃为基材制成的，主要用于地面装饰。此外，还有专门用于柱面装饰的曲面镭射玻璃，专门用于大面积幕墙的夹层镭射玻璃以及镭射玻璃砖等产品。

镭射玻璃目前多用于酒吧、酒店、商场、电影院等商业性和娱乐性场所，在家庭装修中也可以把它用于吧台、视听室等空间。如果追求很现代的效果，也可以将其用于客厅、卧室等空间的墙面、柱面。

12. 热反射玻璃

热反射玻璃也叫镜面玻璃，属于镀膜玻璃。它对太阳光有较高的反射能力，但仍有良好的透光性，能够同时起到节能和装饰效果。热反射玻璃通过化学热分解、真空镀膜等技术，在玻璃表面涂以金、银、铬、镍和铁等金属或金属氧化物薄膜，形成一层热反射镀层。热反射玻璃外观可呈现浅蓝色、金色、茶色、古铜色、灰色、褐色等多种不同的颜色，具有不错的装饰效果，如图 4-34 所示。

图 4-34 热反射玻璃

热反射玻璃的热反射率高，例如，6mm 厚浮法玻璃的总反射热仅为 16%，而热反射玻璃则可高达 45% ~ 60%，所以使用热反射玻璃可以在炎热地区的夏季减少室内空调费，并且使室内光线柔和。镀金属膜的热反射玻璃还有单向透像的作用，即白天能在室内看到室外景物，而室外看室内会产生照镜子的效果，看不见室内的景物。

4.6.2 装饰玻璃的选购要点

装饰玻璃的种类非常多，但其他大多数装饰玻璃品种都是在平板玻璃和钢化玻璃的基础上加工而成的。在选购彩色玻璃、磨砂玻璃、压花玻璃、夹胶玻璃、镭射玻璃、热熔玻璃、玻璃砖等装饰玻璃品种时，质量上可以参照平板玻璃及钢化玻璃选购，所以只需要掌握平板玻璃和钢化玻璃的选购要点即可。除此之外，对于这些装饰玻璃品种还要重点查看其纹理、颜色和装饰效果，同时还需要注意和室内装饰风格的协调。

1. 平板玻璃的选购

① 玻璃表面应平整且厚薄一致，可以将两块玻璃平叠在一起，使其相互吻合，隔几分钟再揭开，若玻璃很平整且厚薄一致，那么两块玻璃的贴合一定会很紧密，再揭开时会比较费力。

② 将玻璃竖起来看，玻璃应该是边角平整，无瑕疵，外观上无色透明或带有淡绿色；同时表面应该没有或少有气泡、结石、波筋等瑕疵；此外玻璃表面应该没有一层白翳。白翳的生成通常是因为在较潮湿的环境存放时间过长导致的。

2. 钢化玻璃的选购

① 正宗的钢化玻璃仔细看时有隐隐约约的条纹，这种条纹叫作应力斑。应力斑是钢化玻璃没有办法消除的东西，没有肯定是假的，但也不应该有太多的应力斑，过多的应力斑会影响视觉效果，准则是必须要有但不能太多。

② 钢化玻璃之所以是一种安全玻璃，在于其碎裂后颗粒为细小的钝角颗粒状，不会对人体造成大的伤害，这点也是检测钢化玻璃质量的一个重要指标。选购时可以查看定做厂家在切割时遗留的废料是否为钝角颗粒状；此外，好的钢化玻璃品种还应该进行了均质处理，因为钢化玻璃有一种自身固有问题，就是自爆。但经过了均质处理后这种问题可以基本解决，质量好的钢化玻璃都应该做均质处理。

4.7 装饰五金配件

4.7.1 五金配件的主要种类及应用

五金件虽不起眼，却是日常生活中使用频率最高的部件。五金配件种类很多，包括锁具、铰链、滑轨、拉手、滑轮、门吸等，按设置方式分为浴室五金类和厨房挂件类等。

1. 锁具、门吸

锁具通常由锁头、锁体、锁舌、执手与覆板部件及有关配套件构成，其种类繁多，各种造型和材料的锁具品种都很常见。按用途大致可以将锁具分为户门锁、室内锁、浴室锁、通道锁等几种。按外形大致可分为球形锁、执手锁、门夹及门条等。按材料则可分为铜、不锈钢、铝、合金材料等。相对而言，铜和不锈钢材料的锁具应用最广，也是强度最高、最为耐用的品种。各种锁具样图如图 4-35 所示。

执手锁　球形锁

钢化玻璃门夹

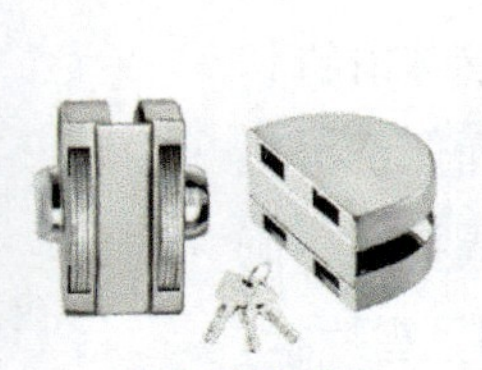

钢化玻璃用锁

抽屉锁

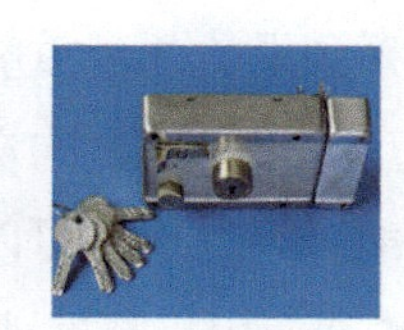

三保险弹子门锁

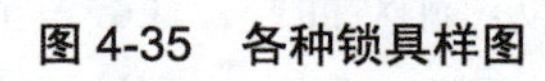

图 4-35　各种锁具样图

与锁具配套的五金配件还有门吸。门吸是一种带有磁铁，具有一定磁性的小五金。门吸安装在门后面，在门打开以后，通过门吸的磁性稳定住门扇，防止风吹导致门自动关闭，同时门吸还可以防止门扇磕碰墙体。目前市场上还流行一种门吸，称为“地吸”，其平时与地面处于同一个平面，不影响美观且打扫方便；当关门的时候，门上的部分带有磁铁，会把地吸上的铁片吸起来，防止门扇磕碰墙体。各式门吸样图如图 4-36 所示。

图 4-36　各式门吸样图

2. 铰链、滑轮、滑轨

铰链也称为合页，是各式门扇开启闭合的重要部件，它不但要独自承受门板的重量，并且还必须保持门外观上的平整。在日常生活中门扇频繁使用，经受考验最多的就是铰链。铰链选用不好，在一段时间使用后可能会导致门板变形，错缝不平。铰链按用途分有升降合页、普通合页、玻璃合页、烟斗合页、液压支撑臂等。不锈钢、铜、合金、塑料、铸铁都可应用于铰链制作中，相对来说，钢制铰链是各种材料中质量最好、应用最广的，尤其是以冷轧钢制作的铰链其韧度和耐用性能更佳。另外，应尽量选择多点制动位置定位的铰链。所谓多点定位，也称为“随意停”，就是指门扇在开启的时候可以停留在任何一个角度的位置，不会自动回弹，从而保证使用的便利性。尤其是上掀式的橱柜吊柜门，采用多点定位的铰链更是非常必要的。各式铰链样图如图 4-37 所示。

图 4-37 各式铰链样图

滑轮多用于阳台、厨房、餐厅等空间的滑动门中。滑动门的顺畅滑动基本上都靠高质量滑轮系统的设计和制造。用于制造滑轮的轴承必须为多层复合结构轴承，最外层为高强度耐磨尼龙衬套，并且尼龙表面必须非常光滑，不能有棱状凸起；内层滚珠托架也是高强度尼龙结构，减少了摩擦，增强了轴承的润滑性能；承受力的构层均为钢结构，此种设计的滑轮大部分是超静音的，使用寿命在 15 ～ 20 年。

滑轨也是保证滑动门推拉顺畅的重要部件，采用质量不好的滑轨推拉门在使用较长一段时间后容易出现推拉困难的现象。滑轨有抽屉滑轨道、推拉门滑轨道、门窗滑轨道等种类，其最重要的部件是滑轨的轴承结构，它直接关系到滑轨的承重能力。常见的有钢珠滑轨和硅轮滑轨两种。钢珠滑轨通过钢珠的滚动，自动排除滑轨上的灰尘和脏物，从而保证滑轨的清洁，不会因脏物进入内部而影响其滑动功能。同时钢珠可以使作用力向四周扩散，确保抽屉水平和垂直方向的稳定性。硅轮滑轨在长期使用、摩擦过程中产生的碎屑呈雪片状，并且通过滚动还可以将其带起来，同样不会影响抽屉的自如滑动。相对而言，在静音上硅轮滑轨效果更好。滑动门用的轨道一般有冷轧钢轨道和铝合金轨道两种。不应片面地认为钢轨一定比铝合金轨道好，好的轨道取决于轨道的强度设计和轨道内与滑轮接触面的光洁度和完美配合。相对来说，铝合金轨道在抗噪声方面还要强于钢轨。各式滑轨样图如图 4-38 所示。

3. 拉篮、拉手

拉篮多用于橱柜内部，在橱柜内加装拉篮可以最大程度地扩大橱柜使用率。拉篮有很多品种，按材料分上则有不锈钢、镀铬、烤漆等。拉篮以其便利性在橱柜的分割和储物应用上已基本取代了之前的板式分隔。按用途不同，拉篮可分为炉台拉篮、抽屉拉篮、转角拉篮，各种物品在拉篮中都有相应的位置，在应用上非常便利。拉篮实景图如图 4-39 所示。

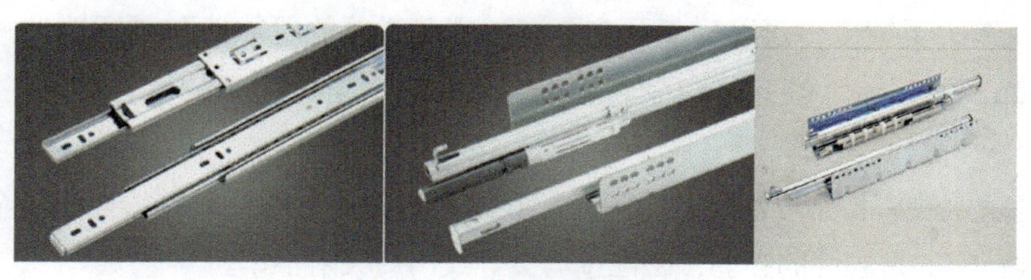

图 4-38　各式滑轨样图

拉手多用于家具的把手，品种多样，铜、不锈钢、合金、塑料、陶瓷、玻璃等均可用于拉手的制作中。相对来说，全铜、全不锈钢的质量最好。拉手的选择需要和家具的款式配合起来，选用得当的拉手对于整个家具来说可以起到“画龙点睛”的作用。各式拉手样图如图 4-40 所示。

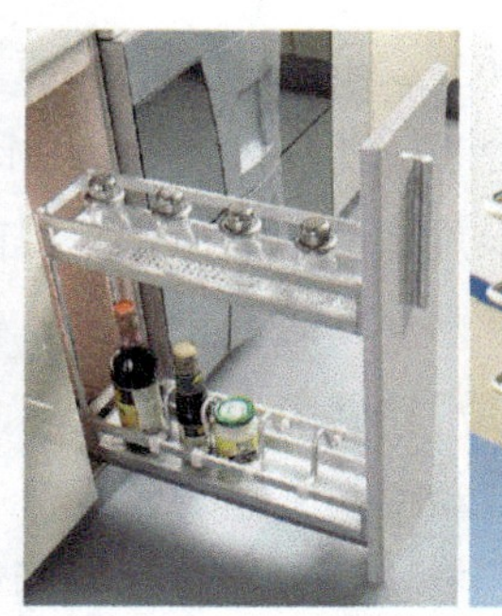

图 4-39　拉篮实景图

4. 闭门器

其实铰链也可以算作是闭门器的一种，这里专门介绍的是地弹簧闭门器。所谓地弹簧闭门器指的是能使门自动合上的一种五金件。地弹簧多用于商店、商场、办公室等公共空间的玻璃大门，在家居装饰中的浴室如果采用全玻璃门，也会采用地弹簧。

图 4-40　各式拉手样图

通常而言，铝合金门厚度大于 36mm，木制门的厚度大于 40mm，全玻璃门的厚度在 12mm 以上都可以采用地弹簧。地弹簧根据开合方式可以分为两种，一种是带有定位功能的，当门开到一定的程度会自动固定住，小于此角度则自动关闭，多见于一些酒店、宾馆等公用场合；另一种是没有定位作用的，无论在什么角度上，门都会自动关闭。地弹簧样图及实景图如图 4-41 所示。

图 4-41　地弹簧

4.7.2　装饰五金配件的选购要点

1. 锁具、门吸

相对而言，纯铜和不锈钢的锁具质量更好，纯铜锁具手感较重，而不锈钢锁具明显

较轻。市场上还有镀铜的锁具，纯铜和镀铜的区别在于纯铜制成的锁具一般都经过抛光和磨砂处理，与镀铜相比，色泽要暗，但很自然。不管选用何种材料制成的锁具，最重要的是试试锁的灵敏度，可以反复开启，试试锁芯弹簧的可靠性和灵活性。一般门锁适用门厚为 35 ～ 45mm，但有些门锁可延长至 50mm，同时门锁的锁舌伸出的长度不能过短。

门吸的选购没有特别要注意的，只是门吸是一种带有磁铁，具有磁性的五金配件。在选购上需要注意的是磁性的强弱，磁性过弱会导致门扇吸附不牢。

2. 铰链、滑轮、滑轨

铰链好坏主要取决于轴承的质量，一般来说，轴承直径越大越好，壁板越厚越好，此外还可以开合、拉动几次，开启轻松无噪声且灵活自如为佳。

滑轮是最重要的五金部件，目前，市场上滑轮的材质有塑料滑轮、金属滑轮和玻璃纤维滑轮三种。塑料滑轮质地坚硬，但容易碎裂，使用时间一长会发涩、变硬，推拉感就变得很差；金属滑轮强度大，硬度高，但在与轨道接触时容易产生噪声；玻璃纤维滑轮韧性、耐磨性好，滑动顺畅，经久耐用。

滑轨一般有铝合金和冷轧钢两种材质，铝合金轨道噪声较小，冷轧钢轨道较耐用，不管选择何种材质轨道，重要的是其轨道和滑轮的接触面必须平滑，拉动时流畅和轻松。同时还必须注意轨道的厚度，加厚型的更加结实耐用。好的和差的滑轨价格相差很大，因为滑轨是经常使用的部件，购买品牌产品质量更有保障。大品牌的滑轨使用期限都为 15 年左右，而一些仿冒产品的滑轨在 2 ～ 3 个月可能就会坏掉。

3. 拉篮、拉手

拉篮和拉手的选购需要注意表面光滑，无毛刺，摸上去感觉比较滑腻。此外，还要注意拉篮和拉手的表面处理，比如普通钢材表面镀铬后质感和不锈钢类似，不要将两者混淆。另外，拉篮一般是按橱柜尺寸量身定做的，所以在选购之前还必须确定橱柜尺寸。此外，拉手还应能承受较大的拉力，一般拉手应能承受 6kg 以上的拉力。

4. 地弹簧闭门器

地弹簧闭门器有国产和进口之分，进口的质量不错，但是价格很高，在市场上的占有量不是很大。地弹簧有轻型、中型和重型三种，选择时需要特别注意三者可承载门体重量的范围：轻型为 120kg 左右，中型为 120 ～ 150kg，重型为 150kg 以上。

4.8 装饰线条

线条类材料用于装饰工程中各种面层（如相交面、分界面、层次面、对接面）的衔接处，以及交接处的收口封边处。它既能起到划分界面、收口封边的作用，还能起到连接、固定的作用，同时还因为装饰线条自身的美感，能起到相当不错的装饰效果。

4.8.1 装饰线条的主要种类及选购

1. 主要种类

（1）装饰木线条

木线条一般都是选用硬质木材，如杂木、水曲柳、柚木等经过干燥处理后加工而成，有些较高档的木线条则是电脑雕刻机在优质木材上雕刻出各种纹样效果。木装饰线类一般会用油漆饰面，以提高花纹的立体感并保护木质表面。油漆饰面有清油和混油之分，装饰木线条同样如此。清油木线条对木材要求较高，常见的清油木线条有黑胡桃、沙比利、红胡桃、红樱桃、水曲柳、泰柚、榉木等。混油木线条对木材要求相对较低，常见的有椴木、杨木、白木、松木等。不能简单地以清油和混油来区分木线条的好坏，混油能够消除天然木材的色差和疤结，用于现代风格装饰中效果同样不错。装饰木线条样图如图 4-42 所示。

图 4-42　木线条样图

（2）石膏线条

石膏线条是以石膏材料为主，加入增强石膏强度的骨胶纸筋等纤维制成的装饰线条。石膏线条也是最为常用的一种装饰线条，多用于天花的角线和墙面腰线装饰。优质石膏线条的浮雕花纹凹凸应在10mm以上，花纹制作精细。石膏线条具有质轻、不变形、价格低廉和施工方便等优点，防火和装饰效果也非常不错。

（3）金属线条

金属线条主要有铝合金和不锈钢两种。铝合金线条具有轻质、耐蚀、耐磨等优点，其表面还可涂上一层坚固透明的电泳漆膜，涂后更加美观。不锈钢线条相对于铝合金线条具有更强的现代感，其表面光洁如镜，用于现代主义风格装饰中装饰效果非常好。

（4）石材、塑料装饰线条

市场上装饰线条的主流品种有木线条、金属线条和石膏线条三种，除此之外，还有一些石材、塑料等装饰线条品种。

随着石材加工工艺的提高，石材也能生产出类似于木线条的造型。石材线条多是采用大理石和花岗石为原料制作而成的，搭配石材的墙柱面装饰，非常协调美观。同时也可以用作石门套线和石装饰线。

塑料装饰线条是用硬聚氯乙烯塑料或者树脂材料制成的，其价格低廉，生产便利，可以制作出各种纹理和色彩的线条，装饰效果也不错。

2. 选购要点

（1）木线条选购

① 应表面平整，手感光滑，无毛刺，质感好，不得有扭曲和斜弯，线条没有因吸潮而变形。

② 注意色差，每根木线条的色彩应均匀，漆面光洁，上漆均匀，没有霉点、开裂、腐朽、

虫眼等现象。

③ 木线条之中的清油木线条对材质要求较高，市场售价也较高；混油木线条则相反。消费者在购买的时候要提防商家以次充好。

（2）石膏线条选购

① 看表面：优质的石膏线条表面色泽洁白且干燥结实，表面造型棱角分明，没有气泡，不开裂，使用寿命长。而一些劣质的石膏线条是用石膏粉加增白剂制成的，其表面色泽发暗，表面高低不平，极为粗糙，石膏线条的硬度、强度都很差，使用后容易发生扭曲变形，甚至断裂等现象。

② 看断面：成品石膏线条内要铺数层纤维网，这样石膏附着在纤维网上，就会增加石膏线条的强度，所以纤维网的层数和质量与石膏线条的质量有密切的关系。劣质石膏线条内铺网的质量差，不满铺或层数少，有的甚至做工粗糙，用草、布等代替，这样都会减弱石膏线条的附着力，影响石膏线条的质量。使用劣质石膏线条容易出现边角破裂，甚至整体断裂的现象。因此，检验石膏线条的内部结构时，应把石膏线条切开看其断面，看内部网质和层数，从而检验内部质量。

③ 看图案花纹深浅：一般石膏浮雕装饰产品图案花纹的凹凸应在 10mm 以上，且制作精细，表面造型鲜明。这样，在安装完毕后，再经表面刷漆处理，依然能保持立体感，体现装饰效果。如果石膏浮雕装饰产品的图案花纹较浅，只有 5 ~ 9mm，效果就会差得多。

④ 用手指弹击石膏线条表面，优质的石膏线条会发出清脆的响声，劣质的则比较闷。

4.8.2　装饰线条设计应用实例分析

木线条在室内装饰工程中的用途十分广泛，既可以用作各种门套及家具的收边线，也可以作为天花角线，还可以作为墙面装饰造型线。从外形上分有半圆线、直角线、斜角线、指甲线等。木线条效果如图 4-43 所示。

图 4-43　木线条实景效果

石膏线条生产工艺非常简单，比较容易做出各种复杂的纹样，在装修中多用于一些欧式或者比较繁复的装饰中，可以作为天花角线，也可以作为腰线使用，还可以作为各类柱式和欧式墙壁的装饰线。石膏线条实景效果如图 4-44 所示。

金属线条中的铝合金线条多用于装饰面板材上的收边线，在家具上常常用于收边装饰。此外，还被广泛应用于玻璃门的推拉槽、地毯的收口线等方面。铝合金线条装饰效果如图 4-45 所示。不锈钢装饰线条和铝合金装饰线条一样可以用于各种装饰面的收边线和装饰线。

图 4-44　石膏线条应用实景效果

图 4-45　铝合金收边装饰柜效果

4.9　装饰木地板

4.9.1　装饰木地板的主要种类及选购

1. 主要种类

木地板显示自然本色，使人感到亲切，更适合于居室空间的设计要求。但木地板也有其自身的问题，相比瓷砖，木地板尤其是实木地板在保养和维护上要麻烦很多，所以目前趋势是木地板和瓷砖混用，即在一些较私密的空间（如卧室等处）用木地板，在公共空间（如过道或客厅等处）用瓷砖。这样既兼顾了实用性还打破了整体室内空间地面的单一感觉。

目前市面上的木地板主要有实木地板、复合木地板、实木复合地板、竹木地板四种。这四种木地板都各自有其优劣势，在室内装饰上都有广泛的应用。

（1）实木地板

实木地板大多是采用大自然中的珍贵硬质木材品种烘干后加工而成的，源于自然，可谓是真正天然环保的产品。虽然我国也有多种名贵木种，但目前市场销售的实木地板原木绝大部分是进口木材，多来自于南美洲、非洲、东南亚等地区。这主要因为我国几千年来建筑都采用木结构，再加上战火损毁重建，其实早在明朝时建造主宫殿承重梁柱的金丝柚木，在我国已经找不到合适的成材了。名贵木材的成材至少要数十年甚至数百年，这也更加突出了实木地板的珍贵。

实木地板分为素板和漆板两种。素板本身没有上漆，需要安装后再进行油漆处理。漆板则是由工厂在流水线上制成，所用漆大多为 PU 漆或者 UV 漆，以紫外线快速固化，其硬度和耐磨性能均大大高于普通手工漆，其中又以 PU 漆性能更佳。漆板是目前市场上实木地板的主流产品，占据市场绝大部分份额。

（2）复合木地板

它是在原木粉碎基础上，添加胶、防腐剂等之后，经热压机高温高压压制处理而成。复合木地板按从下往上的顺序由四层结构构成。

① 底层：底层采用高分子树脂材料，胶合于基材底面，起到稳定与防潮的作用。

② 基层：基层一般由密度板制成，视密度板密度的不同，也分低密度板、中密度板和高密度板。其中高密度板质量最好，中密度板次之，低密度板根本不能用于制作实木地板基层。

③ 装饰层：装饰层是将印有实木木纹图案的特殊纸放入三聚氰胺溶液中浸泡后，经过化学处理，利用三聚氰胺加热反应后化学性质稳定、不再发生化学反应的特性，使这种纸成为一种美观耐用的装饰层。

④ 耐磨层：耐磨层是在复合地板的表层上均匀压制一层以三氧化二铝为主要成分的耐磨剂。三氧化二铝的含量决定了复合木地板的耐磨转数，转数越高耐磨性能越好。每平方米含三氧化二铝为30g左右的耐磨层转数约为4000r/min，含量为38g的耐磨转数约为5000r/min，含量为44g的耐磨转数约为9000r/min，含量为62g的耐磨转数约为18000r/min。一般室内应用转数在5000r/min以上即可。

（3）实木复合地板

实木复合地板可以认为是结合了实木地板和复合木地板各自的优点，又在一定程度上弥补了它们各自的缺点而生产出来的一种产品。实木复合地板品种主要有三层实木复合地板和以胶合板为基材的多层实木复合地板两大种类。实木复合地板表层为优质珍贵木材，不但保留了实木地板木纹优美、自然的特性，而且大大节约了优质珍贵木材的资源。表面大多涂5遍以上的优质UV涂料，不仅有较理想的硬度、耐磨性、抗刮性，而且阻燃，光滑，便于清洗。芯层大多采用可以快速生长成型的速生材料，也可用廉价的小径材料，各种硬、软杂材等来源较广的木材，而且不必考虑避免木材的各种缺陷，出材率高，成本则大为降低。其弹性、保温性等也完全不亚于实木地板。

三层实木复合地板从上至下分别由表层板、软质实木芯板和底层实木单板三层实木复合而成。最上层的表层板一般是名贵硬质木材，厚度在2 ~ 4mm；中间层多为厚实的软质木材，如松木等，厚度一般在8 ~ 9mm；底层实木单板厚度在2mm左右。因为最上面的表层板是和实木地板一样的硬质名贵木材，所以也就很好地保留了实木地板自然美观的木纹，在装饰效果上毫不逊色于实木地板。

以胶合板为基材的多层实木复合地板是由多层薄实木单片胶黏而成的。最大的优点是变形率很小，比三层实木复合地板更稳定，但用胶量大，容易造成甲醛污染。

（4）竹木地板

竹木地板以天然优质竹子为原料，经过二十几道工序，脱去竹子原浆汁，经高温高压拼合，再经过三层油漆，最后红外线烘干而成。竹木地板有竹子的天然纹理，清新高雅，给人一种回归自然、清凉脱俗的感觉。

竹木地板色泽天然美观，有一种不同于木地板的独特韵味。同时竹木地板相比实木地板色差小，硬度高，韧性强，富有弹性，在室内使用冬暖夏凉。而且竹子的生长周期很短，是一种可持续生产的资源，不像一些名贵木材动辄几十年上百年的成材期。从这点看，推广竹木地板同时还具有很好的环保理念。竹木地板样图如图 4-46 所示。

竹材地板主要有竹制地板和竹木复合地板两种，其中竹木复合地板为竹木地板的主流产品。竹木复合地板是竹材与木材的复合物。它的面板和底板采用的是上好的竹材，而其芯层多为杉木、樟木等木材，故其稳定性极佳，结实耐用，脚感也不错。再加上竹木地板较低廉的价格，在市场上也越来越受欢迎。

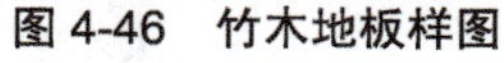

图 4-46　竹木地板样图

2. 选购要点

（1）实木地板选购

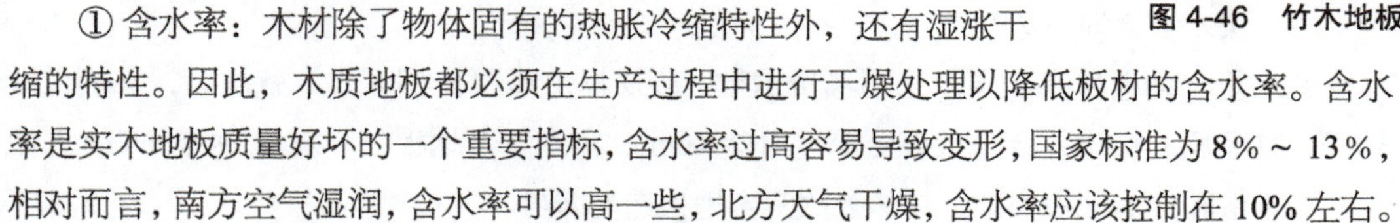

① 含水率：木材除了物体固有的热胀冷缩特性外，还有湿涨干缩的特性。因此，木质地板都必须在生产过程中进行干燥处理以降低板材的含水率。含水率是实木地板质量好坏的一个重要指标，含水率过高容易导致变形，国家标准为 8% ~ 13%，相对而言，南方空气湿润，含水率可以高一些，北方天气干燥，含水率应该控制在 10% 左右。

② 外观：实木地板国家有等级划分，板面无裂纹、虫眼、腐朽、弯曲、死节等缺陷为优等品，选购时尽量选择优等品。此外，面层漆膜要求均匀、光洁，无漏漆、鼓泡、孔眼等问题。实木地板原材为天然树种，哪怕是一棵树上的木材，它的向阳面与背阳面也会有色差。色差是天然木材的必然因素，虽然经过加工色差会变得不明显，但也不能完全消除，实木地板表面有活节、色差等现象均属正常。这也正是实木地板不同于复合地板的自然之处，在这方面也不必太过苛求。

③ 拼接：用几块地板在平地上拼装，检测板与板之间接合是否平整；槽口拼接后是否松紧合适，平滑自如，既无阻滞感，又无明显间隙。

④ 长宽：实木地板尺寸不易过宽过长，从木材的稳定性来说，实木地板越短越窄，抗变形能力越强，出现问题概率越小。太宽太长的地板，干缩湿涨量大，容易产生翘曲变形和开裂。

（2）复合木地板选购

① 耐磨性：耐磨性主要看复合木地板的耐磨层质量，指标为转数。转数是复合木地板最重要的指标之一，直接影响地板的使用寿命。家庭用在 5000r/min 以上，公共场所在 9000r/min 以上。选购时可以用木工砂纸，在地板正面用力摩擦几下，质量差的复合木地板表面很容易就会被磨白，而好的复合木地板是不会有变化的。

② 甲醛释放量：复合木地板是采用密度板为基板粘胶复合而制成的，甲醛肯定是会有一定量的释放，所以选购时要注意查看甲醛释放量是否达到国家标准。国家标准规定复合木地板甲醛释放量应低于 15mg/100g，略高于欧洲的 E1 级标准 10mg/100g。

③ 基层：基层材料的质量好坏直接影响到复合地板的吸水率和抗冲击、抗变形性能。复合木地板应采用专用高密度板为基层，其吸水率和抗冲击、抗变形性能才能达到标准。为了降低成本，有些复合木地板采用低密度板或刨花板作为基层。区别方法很简单，因为基材越好密度越高，地板也就越沉，掂掂重量就知道了。还可以直接查看地板说明书上的

吸水膨胀率指标，数值越大，地板越易膨胀变形。国家规定该项指标的优等品为 2.5%，一等品为 5.0%，合格品为 10%。

④ 外观：在光线下观察地板表面，质量好的复合木地板表面光泽度好，纹理清晰，无斑痕、污点、鼓泡等问题。

⑤ 拼接：随意抽几块地板拼装起来看接缝是否紧密，板与板之间接合是否平整。有些小厂生产的“作坊板”的切割精度达不到要求，拼装后板材留有缝隙、咬合程度很差，如果复合木地板咬合不紧密，在使用一段时间后容易出现缝隙，水和潮气会从缝隙渗入，地板容易变形起翘。

（3）实木复合地板选购

实木复合地板只有表层才采用名贵木材，表层厚度越厚，相对成本就越高，当然也就越好，高品质的实木复合地板表层厚度可达 4mm。实木复合地板在外观、拼接、长宽方面的选购方法和实木地板类似，具体参照实木地板选购即可。

（4）竹木地板选购

① 外观：首先观察竹木地板色泽，本色竹木地板色泽类似于竹子干燥后的金黄色，通体透亮；碳化竹地板多为古铜色或褐色，颜色均匀而有光泽感；其次看漆膜质量，可将地板置于光线处，看其表面有无气泡、麻点、桔皮等现象，再看其漆膜是否丰厚、饱满、平整。

② 拼接：用几块地板在平地上拼装，检测板与板之间接合是否平整；槽口拼接后是否松紧合适，平滑自如，既无阻滞感，又无明显间隙。

③ 胶合：主要看竹木地板层与层之间胶合是否紧密，可用两手用力掰，看是否会出现分层。

4.9.2 装饰木地板设计应用实例分析

实木地板优点突出，其缺点也很明显。首先是施工工艺要求较高且比较麻烦。如果施工人员的水平不高，往往容易造成很多问题，如起拱、变形等，而且在施工中需要安装龙骨，工序也相对复杂；其次是实木地板的日常保养相对麻烦，实木地板比较娇贵，需要定期养护打蜡，在日常生活中也要注意对实木地板的保护，水浸、烟头烫和强烈摩擦都容易对实木地板造成损害；最后，实木地板的价格也是木地板中最高的，动辄数百元一平方米，越是名贵的树种其价格也相对越高。

实木地板产品常用规格有很多种，很多人认为越长越宽的越好，实际上木地板越宽越长，变形的概率就越大，通常最佳尺寸是长度 600mm 以下，宽度 75mm 以下，厚度 12 ~ 18mm 即可。实木地板装饰效果如图 4-47 所示。

图 4-47 实木地板实景效果

复合木地板依靠装饰层来模仿实木木纹效果，因为批量生产的原因，所以每块复合木地板的纹理都一样，不像实木地板那样每张板的纹理都不一样，这样复合木地板就失去了实木地板的自然纹理，显得比较假。而且由于基层采用的是硬度较高的密度板，所以在脚感上也不如实木地板那么舒适。但如果排除其外在的美观性和脚感，无论从耐磨、抗污、防潮、防虫、阻燃、稳定性等各个方面性能比较，复合地板都明显强于实木地板。而且复合木地板的安装非常简单，不需要打木龙骨和做垫层，直接可以铺设在找平后的水泥地面上，平时也不要做特别的保养，皮实耐用。所以尽管大家都喜爱实木地板的漂亮纹理和舒适脚感，但复合木地板因其低廉的价格和良好的内在品质赢得了更多的市场份额。复合木地板装饰实景效果如图 4-48 所示。

图 4-48 强化木地板装饰效果

复合木地板还有个问题是大面积铺设时，可能会出现整体起拱变形的现象。不少人有个误区，认为复合地板是“防水地板”，不怕水。实际上复合木地板在使用中最大的忌讳就是水泡，而且水泡损坏后不可修复，即它只能做到防潮。

实木复合地板的一般规格：宽度为 180 ~ 350mm，长度为 900 ~ 1500mm，厚度为 6 ~ 18mm。厚度越高，价格越高。实木复合地板板材的种类可以参考实木地板种类。实木复合地板应用效果如图 4-49 所示。

图 4-49 实木复合地板效果

4.9.3 装饰木地板的保养方法

装饰木地板中真正需要特别保养的是娇贵的实木地板。竹木地板和实木复合地板在日常使用中也需要做一些保养，而复合木地板则基本不需要特别保养。

（1）防水

这点对于所有木地板都适用，实际上只有防潮的木地板而没有真正不怕水的木地板，所有木地板都害怕被水浸泡，包括复合木地板。雨季要关好窗门，避免雨水打进室内。如果雨水打入室内木地板或者不慎倒水在木地板上，最好尽快用抹布擦干净，保持干燥。如果不慎发生大面积水浸泡，发现后应该尽快排水，严禁使用电热器或人工加热的方法烘干以及在阳光下暴晒地板，应让木地板自然干燥。

（2）防火

不要随意将未熄灭的烟头丢在木地板上，尤其是实木地板以及实木复合地板；在木地板上使用放置电炉、电饭锅、电熨斗等物品时，必须有防烫的垫层铺在下面。

（3）防晒

应尽量减少太阳直晒木地板，以免油漆被紫外线照射过多而提前干裂和老化。夏季注意拉好窗帘，窗前地板经灼热阳光暴晒后容易变色开裂。如果长期不居住，切忌在木地板上用塑料布或报纸盖住，否则时间一长木地板的涂膜则会发黏，失去光泽。

（4）防划伤

尽量注意避免金属利器或其他坚硬器物划伤木地板；较重的物品应平稳搁放，家具和其他重物不能在木地板上硬拉硬拖，这样会很容易划伤地板漆面。

（5）日常清洁

日常清洁中强化木地板不需要特别注意，但其余木地板尤其是实木地板需要注意以下几方面：应使用拧干的软湿拖布擦洗地板，切忌使用水淋湿或用碱水擦洗，这样很容易破坏油漆的光泽度；在清除顽固污渍时，应使用专用的中性清洁溶剂擦洗后再用拧干的软湿拖布擦洗，切忌使用酸性、碱性溶剂或汽油等有机溶剂擦洗。如果是水溶性污垢，可用细软抹布蘸上淘米水或者橘皮水擦洗，也可除去污垢；如果是药水或颜料、墨水等洒在地板上，必须在其还未渗入木质表层前用浸有家具蜡的软布擦洗干净；如果木地板表面被烟头烫伤，用蘸了家具蜡的细软抹布用力擦洗可使其恢复光泽。

（6）打蜡

地板打蜡是一种常规的保养方式。无论是给未上过蜡的新地板，还是已开裂的旧地板打蜡，都应首先将地板清洗干净，待完全干燥后再开始操作。然后至少要上三次蜡，每上一次都要用不掉绒毛的布或打蜡器擦拭地板，以使蜡油充分渗入木头。为了使地板达到更光亮的效果，每打一遍蜡都要用细软抹布轻擦抛光。上蜡时要特别注意地板接缝处，避免蜡渗入地板缝，导致日后使用容易产生地板的响声。最后在实木地板表面均匀喷上一层上光剂，再用钢丝棉反复打磨几遍，这样不但能处理轻微的划痕使之亮丽美观，而且能起到防滑、防静电的作用。因此，建议每半年为实木地板上蜡一次，这样做可以延长地板寿命，增强美观性。

4.10 门窗与楼梯

门窗及楼梯是室内装饰中不可或缺的重要组成部分。门窗及楼梯的生产工艺越来越先进，各种新材料都被应用于楼梯及门窗的制作中，使之不仅具有实用性，同时还具有非常强的装饰性。

4.10.1 门窗的主要种类及应用

按开启方式的不同，门主要有推拉门和平开门两种。所谓平开，就是以合页为轴心，旋转开启。平开门又分为内开门和外开门两种。窗除了推拉窗（包括左右推拉窗、上下推拉窗）和平开窗（包括内开窗和外开窗）外，还有一种上悬式开启的窗。按材料和功能不同分，门的主要种类有防盗门、实木门、实木复合门、模压门、玻璃门、推拉门等。窗的主要种类有塑钢门窗、铝合金门窗、铝塑门窗等。下面将对其进行介绍。

1. 防盗门

防盗门是指在一定时间内可以抵抗一定条件非正常开启，并带有专用锁和防盗装置的门。顾名思义，防盗门的主要作用就是防盗，因而其对安全性要求也就特别高。通常防盗门面板多为钢板，里面衬有防盗龙骨并填满填充物。填充物多为蜂窝纸、矿渣棉、发泡剂等，能够起到保温、隔音的作用。在锁具上防盗门也有很高的要求，防盗门锁有机械锁、自动锁、磁性锁等，但不管是哪种锁，按照国家标准，必须能够保证窃贼使用常规工具如凿子、螺丝刀、手电钻等 15min 内不能开启。防盗门样图如图 4-50 所示。

2. 实木门

实木门是采用天然的名贵木材，如樱桃木、胡桃木、沙比利、柚木等经过干燥后加工而成的，具有漂亮的外观。同时因为木材本身的特性，实木门具有良好的隔音、隔热、保温性能。这里需要特别注意的是，市场上销售的实木门大多数并非真正的纯实木门，假设纯实木门从里到外都用同一种名贵木材制作而成，那成本是非常高的，一扇门的售价很可能就要上万。而且纯实木门如果做工不好，非常容易变形、开裂，因而完全没有必要刻意去追求所谓的纯实木门。实际上，市场上大多数实木门是实木复合门。

3. 实木复合门

实木复合门是采用松木、杉木等较低档的实木做门芯骨架，表面贴柚木、胡桃木等名贵木材经高温热压后制作而成的。实木复合门在外观上美观自然，是目前市场上木门类的主流品种。因为其本身是由复合而成，所以具有坚固耐用、保温、隔音、耐冲击、阻燃、不易变形、不易开裂等优点。实木复合门的造型多样，款式很多，表面可以制作出各种精美的欧式或者中式纹样，也可以做出各种时尚、现代的造型，因其造型多样，市场上有时也称之为实木造型门，如图 4-51 所示。

图 4-50　防盗门样图

图 4-51　实木门样图

图 4-52　现场制作实木门效果

目前实木门生产并没有统一的国家标准，整个行业存在着一个惯例：实木门名称都根据其外表材质而定，如外表为柚木，不管其内部为何种材料，都把它称为柚木实木门。

现场制作的平板门也常被称为实木门，现场制作的平板门中间多为轻型骨架结构，外接胶合板，两表面再贴各种名贵木材饰面板，再在饰面板上进行清漆处理。由于现场施工条件和工人技术问题，所制作的门大多为平板状，最多在表面上镶嵌一些不锈钢条装饰。现场制作的实木平板门效果如图 4-52 所示。

市场上还有一种实木复合门，表面并不是贴上一层名贵木材，而是用一种仿名贵木材纹理的贴纸来替代，这种贴纸材料较易破损，且不耐擦洗，但是因为价格低廉，在一些较低档的装饰中也有大量采用。

4. 模压门

模压门采用带凹凸造型和仿真木纹的密度板一次双面模压成型，档次较低。模压门的生产过程不需要一根钉子，黏结压合都是采用胶水，再加上制作模压门的材料为密度板，所以一般含有一定量的甲醛。同时模压门在外观和手感上也没有实木门厚重美观，表面纹理显得比较假。但是模压门价格低，而且防潮、抗变形性能较好，在一些中低端装修中还是有大量应用。模压门在外形上可以做成和实木复合门一样，但是表面纹理不够真实。

5. 玻璃门

各种玻璃品种，如钢化玻璃、磨砂玻璃、压花玻璃等都在门的制作中得到了广泛应用。尤其是推拉门，大多都会采用一些装饰较强的玻璃。根据门型和工艺分有全玻门、半玻门等。全玻门多与不锈钢等材料搭配，通常除了四个边外，其余大面积均采用钢化玻璃，多用于一些公共空间之中，在居室空间的卫生间等处也有采用，如图 4-53 所示。半玻门则多是上半截为玻璃，下半截为板式，有一定的透明性。

图 4-53　全玻门效果

6. 推拉门

推拉门也是一种常见的门种，在居室中的卧室、衣柜、卫生间和厨房均有大量采用，在一些公共空间（如茶楼、餐馆等）中也有广泛应用。各种材料（如玻璃、布艺、藤编以及各种板材）都可以用于推拉门的制作。推拉门的最大优点就是不占用空间而且会让居室显得更轻盈、灵动。推拉门大多是采用现场制作的方式，但目前不少厂家也可以提供个性化生产，按照业主的要求进行定制生产和安装，尤其是对于衣柜推拉门，厂家定制生产的方式已经非常普遍了。推拉门效果如图 4-54 所示。

图 4-54　推拉门效果

7. 塑钢门窗

塑钢窗是继木窗、钢窗、铝合金窗之后发展起来的新型窗。因为其由塑料和钢材复合制成，所以被称为塑钢窗。塑钢窗以硬聚氯乙烯（UPVC）塑料型材为主材，钢塑共挤且焊接而成，是目前强度最高的门窗。为了增加型材的强度，主腔内配有冷轧钢板制成的内衬钢。塑钢窗与铝合金门窗相比具有更优良的密封、保温、隔热和隔音性能。从装饰角度看，塑钢窗表面可着色、覆膜，做到多样化，而且外表没有铝合金的生硬和冰冷感觉。塑钢窗以其优异的性能和漂亮的外观逐渐成为装饰门窗的新宠。塑钢窗和塑钢门效果如图 4-55 和图 4-56 所示。

图 4-55　塑钢窗效果

图 4-56　塑钢门效果

8. 铝合金门窗

铝合金门窗多采用空心薄壁铝合金材料制作而成。铝合金门多为推拉门，通常是铝合金作框，内嵌玻璃，也有少量镶嵌板材的做法。铝合金窗曾经是市场上的主流产品，具有垄断地位。铝合金推拉窗具有美观、耐用、便于维修、价格低等优点，但是也存在推拉噪声大、保温差、易变形等问题，长期使用后密封性也会逐步降低，现在逐渐被新型铝塑窗所取代。铝合金门效果如图 4-57 所示。

图 4-57　铝合金门效果

9. 铝塑门窗

铝塑窗又叫铝塑复合窗，它采用隔热性明显强于铝型材的塑料型材和内外两层铝合金连接成一个整体，因为其两面为铝材，中间为塑料型材，所以称之为铝塑窗。铝塑复合窗兼顾了塑料和铝合金两种材料的优势，可以认为是普通铝合金窗的升级产品，其隔热性、隔音性与塑钢窗在同一个等级，同时彻底解决了普通铝合金窗传导散热快不符合节能要求和密封不严的致命缺点，尤其对具有暖气和空调设备的现代建筑物更加适用。

铝塑复合窗因为其优异的性能在国内的发展速度非常快，目前已经被应用于别墅、住宅楼及写字楼等空间中，和塑钢窗一样成为目前的主流产品。铝塑门和铝塑窗是一样的，只是应用的部位不一样而已。铝塑门实景图如图 4-58 所示。

图 4-58　铝塑门效果

10. 木窗

木窗是最传统的窗型，在我国应用了上千年。但由于木窗有易变形、开裂等多种问题，目前已经基本被淘汰了。现在市场上的木窗多是木和铝复合生产而成的复合窗。内部以天然木材为主，保留了木的美观性；外部为铝材，又在一定程度上解决了传统木窗的固

图 4-59　复合木窗实景效果

有问题。这种复合结构还具有更高的节能性能，可以有效地将能耗降到最低，特别是在夏天的时候，可以进一步减小空调的用电量。复合木窗实景图如图 4-59 所示。

4.10.2　门窗的选购要点

1. 防盗门

防盗门通常都是作为入户门，起到一个安全防盗的作用。选购时最需要的就是注意其防盗性能，具体应注意以下几个方面。

（1）钢板

国家规定，防盗门的门框使用钢板的厚度不能小于 2mm，门的面板要采用厚度为 1mm 的钢板，而且所用钢板最好是冷轧板。冷轧板相比热轧板而言具有更好的平整性和韧性。

（2）内部

防盗门内部必须有几根加强钢筋增强抗冲击性能，同时防盗门内最好有石棉等具有防火、保温、隔音效果的材料作为填充物。

（3）锁具

防盗锁须经过国家指定权威机构的认证，具有防钻、防锯、防撬、防拉、防冲击锁头，最好是有多个锁头和插杠，以增强锁具被撬开的难度。

（4）合格证

在选购防盗门的时候，可以查看产品的合格证，因为防盗门都有相关部门的检测合格证。防盗门的安全级别根据安全性能一般被分为 A 级、B 级、C 级三个等级，其中 A 级最低，B 级次之，C 级最高，因此尽量选用 C 级防盗门。

（5）外观

检查防盗门有无开焊、漏焊等地方，门和门框关闭后是否密实，开启是否灵活，门板的涂层电镀是否均匀、牢固和光滑。

2. 实木门

实木门及实木复合门是室内门的主流产品，应用极其广泛。除了在纹理和颜色上需要考虑和整体室内风格协调外，还需要在质量上注意以下环节。

（1）含水率

含水率是木制产品最重要的指标之一，几乎所有的木制材料都需要进行烘干处理，含水率过高很容易导致木制产品产生变形、开裂等问题。木质门的含水率通常必须控制在 10% 左右。

（2）外观

外观上要求漆膜饱满，色泽均匀，木纹清晰，表面没有污损、伤疤和虫眼等明显瑕疵；同时要求做工精细，手感光滑，摸不出毛刺。其中实木复合门还需要注意门扇内的填充物是否饱满，门的装饰面板和实木线条与内框是否黏结牢固，无翘边和裂缝。

（3）配件

实际上门在使用时最容易坏的还是锁具、合页等五金配件，选用的五金配件需要开合自如。

3. 模压门

在选购模压门时，应注意其贴面板与框连接应牢固，无翘边、裂缝；板面平整、洁净，无节疤、虫眼、裂纹及腐斑，板面厚度不得低于3mm。模压门的主材为密度板，同时生产时采用了大量的胶黏剂，因而选购模压门最需要注意的是其甲醛含量不能超标，选购时可以闻闻有没有异味，异味越重说明甲醛含量越高。此外，选购模压门还需要看其贴面与基板黏结是否平整牢固，有无翘边和裂缝，有些质量差的模压门贴面可以轻易撕扯下来。

4. 玻璃门

玻璃门选购的重点是玻璃，关于玻璃的选购方法在之前装饰玻璃章节中已经有了详细介绍，这里就不再重复了。

5. 推拉门

很多材料都可以制作推拉门，但无论何种材料制成的推拉门，其最容易出问题的地方都是它的滑轮和滑轨。考察滑轮和滑轨质量，最基本要求是推拉时必须手感灵活，没有阻滞感。此外，还需要注意推拉门内嵌玻璃的厚度，通常采用5mm厚的玻璃，太薄容易碎裂，但是太厚也不好，太厚的话会增加滑轮和滑轨的负担。

6. 铝合金门窗及铝塑窗

铝合金窗在市场上曾经风靡一时，其密封性能、隔音性能和加工性都要比之前市场上常见的钢窗和木窗好得多，所以当铝合金推拉窗在市场上出现后，立刻就占据了垄断地位。但目前随着铝塑窗和塑钢窗的出现，铝合金窗的垄断地位已经被打破，但是并没有完全被取代，在一些空间还是很常用的，尤其是铝合金推拉门，在市场上还是非常多见的。铝塑窗其实可以认为是铝合金窗的升级产品，区别只在于铝塑窗中间层为塑料型材，兼备了金属铝材和塑料这两种材料的优点。

（1）厚度

相对而言，厚度越高越不易变形，铝合金推拉窗主要有55系列、60系列、70系列、90系列四种，数值越大，厚度越高。

（2）外观

外观要求表面色泽一致，无凹陷、鼓出等明显瑕疵。同时要求密封性能好，推拉时感觉平滑自如。

（3）内部腔体结构

铝塑窗选购时除了上述两点外还需要注意内部的腔体结构，内部应该采用壁厚 2.5mm，宽度不小于 40mm 的改性塑料型材。

7. 塑钢门窗

（1）型材

塑钢门窗主材为 UPVC 型材。UPVC 型材是决定塑钢门窗质量的关键。好的 UPVC 型材壁厚应大于 2.5mm，同时表面光洁，颜色为象牙白或者白中泛青。有些较低档的 UPVC 型材颜色为白中泛黄，这种型材防晒能力较差，使用几年后会越变越黄甚至出现变形、开裂等问题。

（2）五金

五金配件是在使用中最容易出现问题的部分，五金配件需要选用质量好的，同时要求安装牢固，推拉门窗需要推拉灵活自如。

4.10.3 楼梯的主要种类及应用

楼梯是室内的垂直交通设施，也是室内装饰的一个重要部分。楼梯除了必须满足使用功能外，现在也越来越注重其装饰的艺术性。尤其是目前出现了越来越多的别墅、复式楼，人们追求高品质、高品位的室内环境，对楼梯的要求也就越高了。楼梯最重要的就是安全、便捷，而且装饰得当的话，楼梯会成为空间中非常引人注目的一个亮点。

楼梯的种类繁多，按照类型分主要有直梯、弧型梯和旋梯三种。直梯是我们日常最为常见的一种楼梯形式，活动方式为直上直下，加上平台也可实现拐角的要求。弧形梯是以曲线形式来实现楼上楼下的连接，曲线的应用消除了直梯拐角那种生硬的感觉，在外观上显得更美观、大方。旋梯是一种盘旋而上的蜿蜒旋梯，在居室空间中应用最多。最大的优点就是空间的占用率最小，显得非常有个性。

按照材料分类，市场上常见的楼梯主要有木制楼梯、钢制楼梯、钢化玻璃楼梯、石材楼梯和铁制楼梯等。需要注意的是，这种分类并不是绝对的，实际使用时往往会将多种材料搭配在一起，营造出更加个性化的楼梯形式。楼梯的构件非常多，主要包括将军柱、大柱、小柱、栏杆、扶手、踏步、立板、柱头、柱尾、连件等。

1. 木制楼梯

木制楼梯是市场占有率最大的一种楼梯品种。木制楼梯主材为木材，容易给人以温暖舒适的感觉，再加上木制楼梯施工也相对简单，因而成为市场上的主流楼梯品种。木制踏步应选择硬木集成材，且漆面应为玻璃钢面。质量差的木制踏步容易出现磕损或因受湿度和气温等环境影响而变形。木制楼梯效果如图 4-60 所示。

图 4-60　木制楼梯效果

2. 钢制楼梯

钢制楼梯是采用不锈钢制成的楼梯品种，是一种比较个性时尚的选择，多应用于一些现代感很强的空间中，配合钢化玻璃使用是目前很多现代空间楼梯的一种常见形式。钢制楼梯效果如图 4-61 所示。

图 4-61　钢制楼梯效果

3. 钢化玻璃楼梯

钢化玻璃楼梯也是一种现代感很强的楼梯品种，玻璃玲珑剔透的感觉是其他材料所不具备的，在形式上显得非常轻巧灵变。钢化玻璃楼梯的踏步所用的钢化玻璃还必须经过防滑处理，最好采用 10mm+10mm 的夹层钢化玻璃以增加安全系数。钢化玻璃楼梯效果如图 4-62 所示。

图 4-62　钢化玻璃楼梯效果

4. 石材楼梯

石材楼梯是一种较为传统的楼梯形式，常见方式为踏步采用大理石或者花岗石材料，扶手和栏杆则选择木制材料进行搭配。石材楼梯效果如图 4-63 所示。

5. 铁制楼梯

铁制楼梯也常与其他材料进行搭配，多为铁艺楼梯栏杆和扶手，踏步则采用木制材料。楼梯实景效果如图 4-64 所示。

图 4-63　石材楼梯效果

图 4-64　铁制楼梯效果

4.10.4　楼梯的主要技术尺寸

早期楼梯大多是现场制作的，但现在楼梯也像家具一样由厂家生产，商家销售。不管是现场制作的楼梯还是由厂家定做的成品楼梯，最需要注意的就是楼梯的技术尺寸，包括坡度、踏步宽、步高、楼梯宽度、护栏间距等参数。这些都将直接影响到楼梯使用的安全

性和舒适度。尤其是家里有小孩和老人时，这些技术尺寸的设置要格外注意。

1. 楼梯的坡度

楼梯的坡度指的是楼梯各级踏步前缘各点的连线与水平面的夹角。楼梯坡度是决定楼梯行走舒适度和空间利用的重要因素。一般来说，室内楼梯的坡度多控制在 20° ~ 40°，最佳坡度为 30° 左右。人流较多的公共空间和家中有小孩和老人的家居中楼梯坡度应该平缓点，较少人使用的楼梯和辅助楼梯坡度可以大一些，但最好不超过 40°。

2. 踏步尺寸

根据人机工程，踏步的宽度一般应与人脚长度相适应，以使人行走时感到舒适。踏步宽度不能太小，必须能够保证脚的着力点重心落在脚心附近，并使脚有 90% 在踏步上。所以踏步的宽度在 280 ~ 300mm 是最为舒适的，最小则不能小于 240mm。踏步的高度也会影响到行走的舒适度，太高的踏步会使得行走较为吃力。按照国家标准，公共楼梯踏步的高度应为 160 ~ 170mm，这个尺寸也是最为舒适的高度。但实际上在不少空间尤其是家居空间中，踏步高度在 160 ~ 230mm。如果家中有老人和小孩，踏步高度还是控制在 180mm 以下为宜。

3. 楼梯宽度

梯段宽度和过道宽度一样由通行人流决定，最重要的是保证通行顺畅。根据人机工程，楼梯宽度应与人的肩宽相适应，人肩宽在 500 ~ 600mm，考虑到衣物厚度和通行的自如，单人通行和家居使用的楼梯宽度一般应为 800 ~ 900mm；公共空间楼梯大多必须保证双人以上通行自如，所以双人梯段宽度一般应为 1200 ~ 1500mm；三人通行的梯段宽度一般应为 1650 ~ 2100mm。

4. 栏杆

栏杆作为楼梯的防护设施，除了装饰功能外，最重要的是安全功能。在栏杆设计中首要考虑的就是安全性，其次才是装饰性。在实际中，不少人会为了达到较好的装饰效果，刻意将栏杆之间的间距拉大或者将栏杆高度收低。如果家中有年幼小孩，过低的栏杆和过宽的栏杆间隔都会造成很大的安全隐患。一般情况下，室内栏杆的高度需要高出踏步 900mm 左右，如果楼梯的坡度较大，那么栏杆的高度也要相应提高。此外，有小孩的空间栏杆的间隔一般控制在 130mm 以下，否则小孩的头容易伸出去，造成危险，当然也可以考虑采用整体式栏杆。

4.10.5 楼梯的选购要点

目前购买成品楼梯已经成为一种趋势。楼梯档次从几千元到十几万元都有。成品楼梯可以按整套计价，也可以按踏步计价，其中按踏步计价是目前国内最普遍的做法。按踏步计价即将楼梯的价格平均到每一个踏步中，计算出楼梯总共有多少个踏步，以踏步单价乘以踏步数得出最后的总价。其中全钢结构的楼梯价格最低，全木质楼梯最贵，玻璃楼梯的价格因玻璃质量而定，价格变化较大，石材和铁艺楼梯目前应用相对较少。选购楼梯以人为本，将安全、舒适、实用放在首位。具体选购需要从以下几方面进行考虑。

（1）楼梯类型

楼梯常见的类型有直梯、弧梯和旋梯三种，其中直梯是最为传统、最为常见的楼梯形式，使用最为方便和安全，但在造型上不如其他楼梯漂亮。弧形在造型上大胆、夸张，比较容易营造出豪华气派的感觉，但是对于空间要求较高，比较适合于一些较大、较豪华的公共空间和别墅。旋梯螺旋向上，有强烈的动态美感，同时占用空间最少，很受市场欢迎。但是对有老人和儿童的空间而言却是不适合的，因为其旋转度大，安全性较差，尤其是在心理上容易造成一种不安全、不踏实的感觉。所以具体采用哪种楼梯形式还得根据需要具体而定。此外，楼梯多为厂家定做，定做需要一定的时间，通常为一个月左右。因而在装修的前期就必须联系好厂家设计师进行实地测量和设计。

（2）材料选择

根据材料，楼梯主要有木制楼梯、钢制楼梯、钢化玻璃楼梯、石材楼梯和铁制楼梯等，在实际应用中可以根据需要进行自由搭配。相对而言，公共空间选用钢制楼梯、石材楼梯等较耐用的楼梯较为合适。在家居空间，尤其是有老人和孩子的家庭，选择木制楼梯更为合适。需要注意的是，木制楼梯的木材必须是密度大和坚硬的实木，如花梨、金丝柚木、樱桃木、山茶、沙比利等。这些木材制作出的楼梯不仅纹理漂亮，还经久耐用。

（3）尺寸设计

空间的层高是没有办法改变的，为了上下楼方便与舒适，楼梯需要一个合理坡度。楼梯的坡度过陡，不方便行走，会带给人一种“危险”的感觉。除了坡度，在踏步宽、步高、楼梯宽度和护栏间距等参数上也要根据实际情况和需要进行精确设置。

（4）其他方面

① 消除锐角：楼梯的所有部件应光滑、圆润，没有突出和尖锐的部分，以免使用时不小心造成伤害。

② 扶手材料：最理想的扶手材料是木材，其次是石，最后才是金属。如果采用金属作为楼梯的栏杆扶手，那么最好选用那些在金属表面做过处理的。在寒冬季节，摸在冰冷的金属扶手上，会让人特别不舒服，特别是对于那些上下楼必须依靠扶手的老年人尤为重要。

③ 踏步承重：质量好的楼梯每个踏步承重可以达到 400kg。

④ 选择商家：楼梯价格不菲，选购时尽量选择知名的、信誉好的厂家的产品，选择一家专业的楼梯公司很重要，除了有专业的安装服务外，在保修上也要让人放心，因为楼梯涉及房子结构，不符合规范的设计或施工会带来使用上的不便，甚至给房屋造成不可修复的损害。

成品楼梯为工业化生产，由标准化的构件组成，现场装配很快即可完成。具体步骤首先将主骨、地脚预埋，基层处理加固；其次安装踏步，并采取保护板套，便于客户搬运大

件家具；最后进行收尾安装，并提供售后服务卡、产品合格证及使用说明书。

4.11 木工材料装饰疑难解析

1. 石膏板变形和接缝开裂的主要原因是什么？

石膏变形和接缝开裂的原因有很多，主要原因列举如下。

① 石膏板本身吸水受潮：石膏板虽然有较强的抗湿性，但并不能完全阻止吸水，如果施工中使用了受潮浸湿的石膏板，就很可能会导致起鼓、变形。

② 骨架设计和施工不合理：石膏板与龙骨之间固定不牢或者龙骨不够平直、刚度不够、间距不当，都有可能引起变形和裂缝。

③ 嵌缝处理不好：石膏板间应适当留缝，如果施工中采用的牛皮纸和嵌缝腻子的黏结力和强度不够，就极有可能会产生裂缝。

2. 人造饰面板和天然饰面板哪个更好？

饰面板分为人造和天然的两种。人造饰面板的纹理基本为通直纹理，纹理图案有规则；而天然饰面板纹理为天然木质花纹，纹理图案自然变异性比较大，无规则。饰面板不能单纯地按照人工的和天然的来定义好坏，实际上人造饰面板的纹理也非常漂亮，而且整齐划一，用于一些现代风格的室内装饰中效果要强过天然饰面板。

3. 北方天气干燥，能否使用竹木地板？

北方也能铺竹木地板，尤其是竹木复合地板，也非常适用于地暖地板。因为竹木地板其实最怕的是浸水和暴晒，对于相对干燥的天气则完全可以适应。

4. 为什么门板与成品门的价格相差很多？

建材超市里面卖的门板属于半成品，还要经过上漆等加工环节才能使用；而成品门买回来就能安装使用。成品门是机械化生产，材料和工艺成本更高。此外，门的制作工艺、所用材料、款式、品牌等因素都会影响门的价格。

思考与练习

1. 石膏板的选购要点有哪些？
2. 如何选购吊顶材料？
3. 装饰木地板的种类有哪些？应如何选购？
4. 装饰木地板应如何保养？
5. 门窗应如何选购？
6. 楼梯的选购要点是什么？

第5章

扇灰及油漆材料

扇灰及油漆施工相对于其他工种而言，涉及的材料种类较少，因而将这两大工种合并到一起讲解。此外，考虑到有部分扇灰工会承接一些壁纸粘贴的施工，因此在这里将壁纸也归入扇灰施工常用材料范畴。实际上，目前销售壁纸的商家大多都会提供壁纸的施工服务。

5.1 乳胶漆

乳胶漆和木器油漆其实都可以归属于涂料范畴，涂料可以理解为一种涂敷于物体表面能形成完整的漆膜，并能与物体表面牢固黏合的物质。涂料是装饰材料中的一个大类，品种很多，常见的主要有乳胶漆、木器漆、地面涂料、防腐涂料、防火涂料、防水涂料等，用于墙面装饰的涂料品种主要就是乳胶漆类涂料。

5.1.1 乳胶漆的主要种类及应用

乳胶漆是乳涂料的俗称，它是以合成树脂乳液为基料，配上经过研磨的填料和各种助剂精制而成的涂料。乳胶漆涂刷后的成膜物是不溶于水的，涂膜的耐水性和耐候性较好，并有平光、高光等不同装饰类型，此外还有多种颜色可以随意调配。通常乳胶漆品牌商家会提供很多小色样供客户选择，如图 5-1 所示。

风铃彩 K3101 苹果彩 K3102 胡姬彩 K3103 云轩 XP0105 天颜 XP0141 罗纱 XP0202
玫瑰彩 K3104 大麦彩 K3105 百合彩 K3106 妖娆 XP0205 娥娜 XP0502 桃颜 XP0505
天骄 XP2708 幻影 K3109 象牙白 K3110 朗月 XP0607 玉面 XP0707 香荷 XP1405
小杏树 K3113 浅灰 K3114 杏元饼干 K3115 瑰丽 XP1501 风亭 XP1502 玫园 XP1541
红雪 K3116 粉黛 XP2043 秋石 XP2504 朝晖 XP1904 恋日 XP2008 思旭 XP2011
银妆素裹 K3119 霜绿 K3120 春雪 K3121 玫瑰红 K3117 紫绢 K3118 红珊瑚 K3107

图 5-1 乳胶漆小色样

乳胶漆的分类方法有很多：按光泽度可分为亮光、半亮光和哑光，表面光泽度依次减弱。按墙面不同可分为内墙乳胶漆、外墙乳胶漆，我们常说的乳胶漆通常都是指内墙乳胶漆。按涂层顺序可分为底漆和面漆，底漆主要作用是填充墙面的毛细孔，防止墙体碱性物质渗出而侵害面漆，并有防霉和增强面漆吸附力的作用；面漆起主要的装饰和防护作用。

市场上常见外国品牌乳胶漆有立邦、多乐士、大师等，国内品牌有嘉宝莉、千色花、都芳等。实际上根据国家化学建筑材料测试中心公布的“涂料面对面中外品牌对比实验”结果，国内品牌的耐洗刷性、干燥时间、遮盖力、有害物质含量等 11 项检测指标都达到国家颁布的《合成树脂乳液内墙涂料》和《室内装饰装修材料内墙涂料中有害物质限量》标准要求，并与国外名牌处于同一水平。乳胶漆价格低且耐擦洗，可多次擦洗不变色，是目前室内墙面装饰的主要装饰材料之一。乳胶漆装饰实景图如图 5-2 所示。

乳胶漆是装修中一个特殊品种，它的价格及施工均较低廉，可能只会占到整个装修总费用的5%左右，但是在装饰面积上却可以占整个装修面积的70%以上，在墙面、天花施工中都会大量使用，由此可见乳胶漆在室内装饰中的广泛性和重要性。不光在室内，不少建筑的表面也会刷上乳胶漆，只是这种乳胶漆不是我们常说的内墙乳胶漆，而是专用于室外的外墙乳胶漆。相对内墙乳胶漆而言，外墙乳胶漆在抗紫外线照射和抗水性能上要强很多，可以达到长时间阳光照射和雨淋不变色。如果卫生间等多水的空间也要刷乳胶漆，可以考虑采用外墙乳胶漆。

图 5-2 彩色乳胶漆实景效果

5.1.2 乳胶漆的选购要点

乳胶漆在室内通常都会大面积地使用，对于室内装饰的整体效果影响极大，尤其是目前流行趋势是在室内采用各类颜色的乳胶漆提亮整个空间，甚至一个空间采用多个色系的乳胶漆，这就更需要整体考虑空间的功能要求和色调协调性。比如，医院或者老人房就不适合采用一些视觉刺激很强的红、黄等颜色，但不同色系的颜色最好不要太多，多则容易给人以很“花”的感觉。

购买乳胶漆时通常都是根据商家提供的乳胶漆小色样进行选择，挑选时要在阳光下或者光线充足的地方仔细查看。而且乳胶漆大面积涂刷后颜色会显得比小色样深，所以买墙面漆时可以买比小色样浅一号的颜色。除了从装饰性上考虑外，选购乳胶漆通常还需要从以下几个环节考虑。

（1）包装

看外包装上是否有明确的厂址、生产日期、防伪标志。最好选购知名品牌产品。

（2）环保

真正环保的乳胶漆应该是无毒无味的，所以开盖后如果可以闻到刺激性气味或工业香精味，都是不合格产品。好的乳胶漆没有刺激性气味，而假冒乳胶漆的低档水溶性涂料一般会含有甲醛，因此有很强的刺激性味道。

（3）稠度

用木棍将乳胶漆拌匀，再用木棍挑起来，优质乳胶漆往下流时会成扇面形，而稠度较低的乳胶漆下流时呈滴溅状。

（4）外观

开盖后乳胶漆外观细腻丰满，不起粒，用手指摸，质量好的乳胶漆手感滑腻、黏度高。乳胶漆在储存一段时间后，会出现分层现象，乳胶漆颗粒下沉，在上层1/4以上形成一层胶水保护溶液，若胶水溶液呈无色或微黄色，较清晰干净，无或很少漂浮物，则说明质量

很好；若胶水溶液较浑浊，呈现出乳胶漆颜色或漂浮物数量很多，说明乳胶漆质量不佳，很可能已经过期。

（5）指标

主要看两个指标，一是耐刷洗次数，二是VOC和甲醛含量。前者是乳胶漆耐受性能的综合指标，它不仅代表着涂料的易清洁性，更代表着涂料的耐水、耐碱和漆膜的坚韧状况。优质的乳胶漆用湿布擦拭后，涂膜颜色光亮如新，劣质乳胶漆耐洗刷性只有几次，擦洗过多涂层便发生褪色甚至破损；后者是乳胶漆的环保健康指标。乳胶漆最低应有200次以上的耐刷洗次数，VOC不超过200g/L。耐刷洗次数越高越好，VOC越低越好。

5.2 硅藻泥

5.2.1 硅藻泥的介绍及应用

硅藻泥是以硅藻土为主要材料配制的干粉状内墙装饰涂覆材料。硅藻泥本身没有任何污染，纯天然，而且有多种功能，是乳胶漆和壁纸等传统涂料无法比拟的。在用硅藻泥装修施工的过程中不会有味道，天然环保，并且便于修补。由于硅藻泥不含任何重金属，不产生静电，因此浮尘不易附着，墙面永久清新。但美中不足的是，硅藻泥吸水性强，耐脏性差且不易清理。

硅藻泥选用无机矿物颜料调色，色彩柔和，当人生活在涂覆硅藻泥的居室里时，墙面反射光线自然柔和，人不容易产生视觉疲劳。同时硅藻泥墙面颜色持久，使用高温着色技术，不褪色，墙面长期如新，增加墙面的寿命，减少墙面装饰次数，节约居室成本。硅藻泥装修如图5-3所示。

图5-3 硅藻泥装修效果

硅藻泥是一种天然环保内墙装饰材料，用来替代墙纸和乳胶漆，适用于别墅、公寓、酒店、家居、医院等空间的内墙装饰。硅藻泥还可以使用在学校和办公楼当中，室内封闭的空气总会让人很不适宜，有了硅藻泥做墙面，可以吸附并消除空气当中的异味和一些对人体有害的气体，环境状况可以得到缓解。

但是，硅藻泥在家居应用中的弊端是不耐脏，不可用水擦洗，硬度较低且价格高。因此，业主在购买的时候需要全方面考虑硅藻泥是否适合自己的家居要求，否则，很容易在后期使用中出现问题而留下遗憾。

5.2.2 硅藻泥的选购要点

（1）要认真鉴别产品，对不同品牌、包装的产品，要从质量、价格、服务、企业信誉等方面综合考虑。

（2）硅藻泥作为一种新型的功能性室内装饰壁材，品牌众多，购买时要注意以下几点。

① 看色泽。真正的硅藻泥色泽柔和，分布均匀，呈现亚光色，具有泥面的效果。而假冒的硅藻泥会呈现油光面，色彩过于艳丽，有刺眼的感觉，长期使用易脱色、花色。

② 试手感。真的硅藻泥摸起来手感细腻，有松木的感觉，其肌理图案做工精细，流畅大方，艺术冲击力强。而假硅藻泥摸起来粗糙坚硬，像水泥和砂岩一样，其肌理图案死板僵硬，美感全无。

③ 看吸水性。真正的硅藻泥具有多孔性、“分子筛”结构的特性，因此，可通过向硅藻泥墙面喷水来证明其具有丰富的孔隙。使用大喷壶对墙面同一位置反复喷水 20 ～ 30 次，真硅藻泥会迅速将水吸收，每平方米墙面 1min 内可吸水 1kg，而假硅藻泥则不会吸水或很少吸水。

5.3 其他常见装饰涂料

5.3.1 常见装饰涂料的主要种类及应用

1. 防水、防火涂料

防水涂料是由合成高分子聚合物、高分子聚合物与沥青、高分子聚合物与水泥为主要成膜物质，加入各种助剂、改性材料、填充材料等加工制成的溶剂型、水乳型或粉末型涂料。防水涂料涂刷在地下室、卫生间、浴室和厨房等需要进行防水处理的基层表面，可在常温条件下形成连续的、整体的、具有一定厚度的涂料防水层。

防火涂料是指涂在物体表面用于增强材料防火性能的涂料。当遭受到火灾温度骤然升高时，防火涂料层能迅速膨胀，增加涂层的厚度或防火涂层受热散发出阻燃性气体，形成无氧不燃烧层，起到防火、吸热、耐热、隔热的作用。

防火涂料多用于对消防有较高要求的部位和一些易燃材料上。例如，家居装修中的吊顶工程常用木龙骨作为骨架。木龙骨的防火性能很差，所以在作为装修材料使用时必须在木龙骨上刷防火涂料。

防火涂料的种类很多，也有多种分类方法，按防火涂料的防火机理不同，可将防火涂料分为膨胀型防火涂料和非膨胀型防火涂料两大类。膨胀型防火涂料是目前使用最广泛的一种防火涂料，它在火焰或高温作用下，可产生比原来涂层厚几十倍甚至上百倍不易燃烧的海绵碳质层、CO_2、NH_3、HCl、Br_2 及水蒸气等不燃烧气体，从而有效地起到防火阻燃的作用。非膨胀型防火涂料在着火时涂层基本不发生膨胀变化，但是会形成釉状保护层，从而隔绝材料表面的氧气作用，延迟燃烧，但是其防火隔热效果不如膨胀型防火涂料。

按使用材料的不同，防火涂料可分为钢结构防火涂料、混凝土防火涂料、饰面型防火涂料、木材防火涂料等类型。钢结构防火涂料可使钢结构构件的耐火能力从15min提高到2h(根据涂层厚度而定)。木材防火涂料可大大提高木质材料的抗燃性能，当涂层厚度为1mm时，耐火极限可达30min。其他各种类型的防火涂料的使用也都可以不同程度地提高材料的防火性能。

图5-4　地面涂料应用效果

2. 地面涂料

地面涂料是采用耐磨树脂和耐磨颜料制成的用于地面涂刷的涂料。与一般涂料相比，地面涂料的耐磨性和抗污染性特别突出，而且施工简便，因此广泛用于公共空间（如商场、车库、仓库、工业厂房）的地面装饰，尤其是在一些经常接触化工或者医疗物质的空间地面特别适用。在一些个性化的居室空间也可以采用，如图5-4所示。

地面涂料的种类很多，最为常见的有环氧树脂涂料和聚氨酯涂料两大类。这两类涂料都具有良好的耐化学品性、耐磨损和耐机械冲击性能。其中聚氨酯涂料有较高的强度和弹性，涂铺地面后涂层光洁平整、弹性好、耐磨、耐压、行走舒适且不积尘易清扫，是一种高级的地面涂料，但是聚氨酯对潮湿的耐受性差，且对水泥基层的黏结力也不如环氧树脂涂料。环氧树脂涂料是以环氧树脂等高分子材料加溶剂及颜料制成的，能调配出多种颜色，涂料干燥快，涂层黏结力强，耐磨性更好，并且表面光洁，装饰效果也不错。如果在环氧树脂涂料中加入功能性材料，则可制成功能性涂料，如抗静电地面涂料、砂浆型防滑地坪涂料等。一般来说，环氧树脂地面涂料只适用于室内地面装饰，而聚氨酯地面涂料可以在室外使用。

3. 防锈、防霉涂料

防锈漆分为油性防锈漆和树脂防锈漆两种。防锈漆的作用是防止金属生锈和增加涂层的附着力。金属涂刷防锈漆后，能有效隔绝金属与空气接触，而且防锈漆还能使金属表面钝化，阻止其他物质与金属发生化学或电化学反应，从而起到金属的防锈作用。另外由于防锈漆与金属表面反应后生成金属钝化层，这样油漆和金属之间的结合除了物理结合外还具有化学结合力，所以油漆对金属的附着力也特别强。

防霉涂料一般是由两种以上的防霉剂加上颜料、填料、助剂等材料制成的，是一种对各种霉菌、细菌和母菌具有杀灭或抑制生长作用，而对人体无害的特种涂料。防霉涂料同时还具有耐水性和耐擦洗性的优点。

4. 仿瓷涂料

仿瓷涂料又称瓷釉涂料，是一种装饰效果酷似瓷釉饰面的建筑涂料，也是近年来出现的一种新型涂料，其装饰效果细腻、光洁、淡雅，价格不高，只是施工工艺比较复杂，耐湿擦性比较差。仿瓷涂料应用面广泛，可在水泥面、金属面、塑料面、木料等固体表面进行刷漆与喷涂；可用于公共建筑或住宅的内墙，厨房、卫生间、浴室衔接处；还可用于电器、机械及家具外表装饰的防腐。

5.3.2 常见装饰涂料的选购要点

涂料的选择除了根据自己的需要选择外，在质量上需要考虑以下几点。

（1）选品牌

装饰涂料的选购最好选择知名品牌，因为大多数的涂料或多或少都含有一定量的有毒有害物质，尤其是木器漆，其危害更大。选择时还应从外包装上进行辨别，正规厂家生产的产品。各种标志齐全，厂名、厂址、商标明晰。此外正规厂家的产品都标明产品的净重，且分量充足，无缺斤短两的现象。

（2）看外观

涂料外观应呈现均一状态，无明显的分层及沉淀现象，黏稠度高；固化剂应清澈透明，无杂质；稀释剂应水白、透明。

（3）闻味道

涂料中的有毒有害物质主要有苯、游离 TDI、可溶性重金属、有机挥发物等，这些有毒有害物质的含量是否达标是选择涂料的一个重要指标。涂料开罐后，贴近罐口闻一闻气味，质量好的涂料味道不会很刺激，施工后气味排放快，在通风良好的情况下，5 ～ 7 天后不应再有明显的气味。

5.4 墙纸、墙布

5.4.1 墙纸、墙布的主要种类及选购要点

1. 主要种类

壁纸、壁布也叫作墙纸、墙布。墙纸和墙布其实并没有很严格的区别，一定要区分的话，只在于墙纸的基底是纸基，而墙布的基底是布基，二者表面的印花、压花、涂层可以完全做成一样的，所以在装饰效果上也是一样的，在市场上有时会被统称为壁纸或墙纸。有些品种的墙纸不仅牢固耐用，而且防水性能也非常好，并不比壁布差。墙纸、墙布样图如图 5-5 所示。

墙纸、墙布的种类很多，但在各个品种中，塑料墙纸是其中用量最多，发展最快的。

图 5-5　墙纸、墙布样图

（1）塑料墙纸

塑料墙纸也叫胶面墙纸，为纯纸底，面层为 PVC 薄膜，再经印花、压花而成，表面有肌理感。胶面壁纸可分为普通壁纸（印花壁纸、压花壁纸）、发泡壁纸、特种壁纸、塑料壁纸四大类，每一类有几个品种，每一品种又有几十及至几百种花色，是目前生产最多、应用最广的一种壁纸，是壁纸中最大的一个分类。其优点是结实、耐磨、耐擦洗、价格低，缺点是表层为 PVC 材质，所以刚打开时有点味道，要贴上墙后 2 ～ 3 天才会消失。

（2）纯纸类墙纸

纯纸类墙纸是在特殊耐热的纸上直接印花压纹的墙纸，优点是绿色环保，无有毒有害物质，同时质感好、透气，墙面的湿气、潮气都可透过壁纸，长期使用，不会有憋气的感觉，甚至被称为“会呼吸的墙纸”。因为完全为纸质，所以有非常好的上色效果，适合染各种鲜艳颜色甚至精致画面。但也因为纸质的原因，防水、耐磨和耐刮性能相对要差一些，时间久了还有可能会略显泛黄。市场上还有一种日本和纸制作的墙纸，和纸被称为“纸中之王”，物理性能非常稳定，经久耐用，并兼具防水性能，不过大多价格较高。纯纸类墙纸纸质密，但是终归是纸质，平时使用时不可用硬物直接划刮。

（3）织物类壁纸、壁布

市场上常称为墙布，是较高级的品种，基层可以是纸也可以是布，纸基为壁纸，布基为壁布，面层主要是用丝、羊毛、棉、麻、布面（如提花布、纱线布等）等天然纤维织成，也可以印花、压纹。因为表面为纺织品类材料，所以在透气性和外在质感上都非常不错，显得高档大气，缺点是价格偏高。

（4）无纺布壁纸、壁布

无纺布壁纸也可以算是纺织物壁纸的一种，根据其构成特点，也可以称为壁布。无纺壁布是采用棉、麻等天然纤维或涤纶、腈纶、丙纶等化纤布，经过无纺成型、上树脂、印花而成。无纺布壁纸质感和弹性都不错，在视觉、触觉上都较显档次，优点是不易变形，使用寿命长，无毒、无味，对皮肤无刺激性，具有一定的透气性和防潮性，能擦洗而不褪色。同时通过印花技术可以制作出各种图案和颜色，适用于各种空间的内墙装饰。

（5）金属膜壁纸

金属膜壁纸是一种在基层用金属（如铝），经特殊处理后，制成薄片贴饰于壁纸表面的新型壁纸。金属膜壁纸以金色、银色为主要色系，具有其独有的金属现代感，用于室内能够营造出一种金碧辉煌、繁复典雅的感觉，适合用于需要营造豪华氛围的公共场所，如酒店、大堂、夜总会等。豪华家居空间（如客厅等）墙面也可采用。

（6）天然材质类壁纸

用天然材质（如草、木、藤、竹、芦苇等）制成面层的墙纸，健康环保，装饰风格古朴自然，给人以返朴归真的感受，缺点是颜色、图案不丰富，由于是纯天然材料，还会有一定色差。

（7）肌理壁纸

肌理壁纸是在壁纸、无纺布等材料上，压上沙粒、石粒、水晶等材料，使表面看起来更有层次感，肌理感很强，装饰效果突出。

（8）无缝壁布

无缝壁布是墙布的一种，也称无缝墙布，是近几年来国内开发的一款新的墙布产品，“无缝”即整体施工，它可以根据室内墙面的高度和墙面的周长整体粘贴的墙布，一个房间用一块布粘贴，无需拼接。一般幅宽在 2.7 ～ 3.1m 的墙布都称为无缝墙布。无缝墙布除了具备普通纺织类墙布的优点外，还具有能够无缝粘贴，装饰效果统一，没有拼缝，不易翘边、起泡的优点。

（9）玻纤壁纸、壁布

玻纤壁纸也称玻璃纤维墙布。它是以玻璃纤维布作为基材，表面涂树脂、印花而成的新型墙壁装饰材料。它的基材是用中碱玻璃纤维织成，以聚丙烯、酸甲酶等作为原料进行染色及挺括处理，形成彩色坯布，再以乙酸乙酶等配置适量色浆印花，经切边、卷筒成为成品。玻纤墙布花样繁多，色彩鲜艳，在室内使用不褪色、不老化，防火、防潮性能良好，耐洗、施工简单、粘贴方便。

（10）特殊效果壁纸

除了上述几种壁纸外，还有一些具有特殊效果的壁纸，如耐水壁纸、阻燃壁纸、彩砂壁纸等，分别用于有防水要求的卫生间、有防火要求的木板墙面装饰及有立体质感的门厅、走廊局部装饰等。此外，按其功能分还有防火壁纸、吸烟壁纸、发光壁纸、风景壁纸等品种。

2. 选购要点

壁纸、壁布的选购首先需要注意风格的协调，壁纸、壁布拥有丰富多彩的纹样，很适合营造出各种风格的室内空间，选购时需要按照不同风格色系进行挑选，还需要注意和家具的搭配。除此之外在质量上还需要注意以下几点。

（1）外观

看壁纸、壁布的表面是否存在色差、皱褶和气泡，壁纸、壁布的图案纹理是否清晰，色彩是否均匀。同时还要注意表面不要有抽丝、跳丝等现象，展开看看厚薄是否一致，应选择厚薄一致且光洁度较好的壁纸、壁布。

（2）擦洗性

可裁下一小块壁纸、壁布小样，拿湿布用力擦拭，看看壁纸是否有脱色的现象。

（3）批号

选购壁纸、壁布时，要注意查看壁纸、壁布的编号与批号是否一致，因为有的壁纸、壁布尽管是同一品牌甚至同一编号，但由于生产日期不同，颜色上便可能产生细微差异，常常在购买时难于察觉，直到大面积铺贴后才发现。所以，选购时尽量保持编号和批号一致，避免墙纸颜色不一致，影响装饰效果。

（4）环保

壁纸、壁布本身应无刺鼻气味。相对而言，壁纸、壁布本身的环保问题不大，但是在施工中因为还是要采用胶黏的办法铺贴，因而在环保上不光要注意壁纸、壁布本身的环保性，还应该重点关注施工时的环保问题。

5.4.2 墙纸、墙布设计应用实例分析

图 5-6 壁纸装饰实景效果图

壁纸的种类很多，它和乳胶漆一样具有相当不错的耐磨性，同样可以经得起多次擦洗而不褪色；而且相对而言，壁纸拥有更加丰富多样的纹理和颜色，壁纸独具的柔性感觉可以掩盖墙体的冷漠和坚硬感，给人以温馨、亲切的感受，在装饰性上要明显强于乳胶漆。同时，壁纸的施工也相对简单，工期很短，需要替换也非常方便。壁纸装饰实景效果如图 5-6 所示。

图 5-7 壁纸装饰实景效果

壁纸在室内装修中主要应用于墙面和天花装饰，在客厅、卧室等空间都得到了大量的使用。尤其是在卧室采用壁纸装饰墙面会给人以很温馨浪漫的感觉。壁纸可以做成各种纹理、色彩和图案效果，看上去非常漂亮，但在选购时需要考虑到整体装修风格的统一性，选择的壁纸必须和室内的装修风格相互协调，如图 5-7 所示。

5.5 清漆

5.5.1 清漆的介绍及应用

清漆是透明的漆，属于木器漆的一种。家装中的木工制作油漆多选用清漆，而很少使用其他油漆。清漆通常和饰面板搭配在一起使用。木器漆的主要品牌有华润、长颈鹿、紫荆花、美泰等。

图 5-8 清漆书架效果

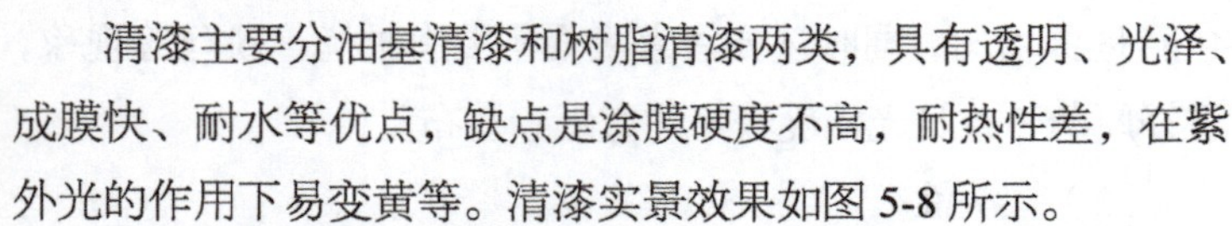

清漆主要分油基清漆和树脂清漆两类，具有透明、光泽、成膜快、耐水等优点，缺点是涂膜硬度不高，耐热性差，在紫外光的作用下易变黄等。清漆实景效果如图 5-8 所示。

清漆作为家庭装修中现场施工的最主要漆种有其特有的原因。20 世纪 90 年代，聚酯漆进入我国后，很快便取代了清漆，成为厂家生产家具用的主要油漆品种。

聚酯漆的优点很多，不仅色彩十分丰富，而且漆膜厚度大，喷涂两三遍即可，并能完全把基层的材料覆盖，所以做家具在密度板上直接刷聚酯漆就可以了，对基层材料的要求并不高。

但家装用的清漆却不行，基层材料用密度板或细木工板，上面还要再贴上一层饰面板后才能刷清漆。

聚酯漆对于施工环境和施工工艺要求很高，而清漆则不然。以涂刷过程中流坠常产生的漆泪为例，聚酯漆在涂刷过程形成的漆泪一旦凝固很难再溶解，而清漆的流平性很好，出现了漆泪也不要紧，再刷一遍，漆泪就可以重新溶解了。

清漆独有的透明属性决定了它一般都用于一些有漂亮纹理的物体表面，如装修中的饰面板造型上，也可以用于家具表面。

5.5.2 清漆的选购要点

（1）看包装：包装制作粗糙，字迹模糊，厂址、批号不全，多为劣质品或仿冒货。

（2）看漆面：可以看油漆样板漆面质量，优质油漆的附着力和遮盖力都很强。

（3）掂重量：将油漆桶提起来，晃一晃，如果有稀里哗啦的声音，说明包装严重不足，缺斤少两或黏度过低，正规大厂真材实料，晃一晃几乎听不到声音。

（4）选品牌：油漆最好是买一些品牌货，由于油漆本身的毒性很强，如果还买了些劣质品，那更是毒上加毒，相对而言，品牌产品在质量和环保环节会有保证。

（5）定用量：购买时还应对用量作一个比较精确的估算。购买时要一次购足，以免先后购买的油漆有轻微的色差。

5.6 调和漆

5.6.1 调和漆的介绍及应用

图 5-9 调和漆书架效果

调和漆具有漆膜光亮、平整、细腻、坚硬的特点，外观上类似陶瓷或搪瓷。调和漆还具有色彩丰富、附着力强的优点。根据使用要求，可加入不同剂量的消光剂，制得半光或亚光的效果。调和漆分油性调和漆和磁性调和漆两种。在室内适宜于磁性调和漆，磁性调和漆比油性调和漆在装饰效果上要更佳，漆膜较硬，光亮平滑，但耐候性较油性调和漆差。调和漆效果如图 5-9 所示。

调和漆是室内装修的最主要漆种之一，适用于涂饰室内外木材、金属等表面。

5.6.2 调和漆的选购要点

（1）看包装上是否有厂名、厂址、注册商标，是否有质量监督部门的检测报告。各种文件均需齐全，其中最关键的是看出厂合格证和质量监督部门的检测报告。

（2）打开漆桶后看油漆表面是否有杂质，油漆本身是否浑浊。

（3）搅动看是否有块状物。

（4）气味是否呛鼻刺眼。

（5）看涂刷样板效果有无变色发黄等现象。

5.7 其他常见油漆材料

5.7.1 常见油漆材料的主要种类及应用

（1）UV 光油

UV 光油是光油的一种，也有人称之为 UV 清漆。UV 光油的作用是喷涂或滚涂在基材表面之后，经过 UV 灯的照射，使其由液态转化为固态，进而达到表面硬化，其耐刮耐划，且表面看起来光亮、美观，质感圆润。

UV 光油的特点：优异的附着力；高光泽，高滑爽性，高流平性，成膜细腻，手感好等，光泽都在 85 度以上；固化速度快，在 UV 机器能量充足的前提下，速度可达到每小时 8000 张纸以上的效率，大大节省了时间。

（2）硝基漆

硝基漆俗称蜡克，通常以清漆形式出现，称为硝基清漆。硝基漆是由硝化纤维、天然树脂、溶剂等材料制成的。其漆膜具有良好的光泽和耐久性，同时具有快干、耐热烫等优点。硝基漆适用于木材和金属的表面。硝基清漆表面光泽也分为亮光、半亚光和亚光三种，可根据需要选用。但是硝基漆在高湿天气易泛白，丰满度低，硬度低。

（3）聚酯漆

聚酯漆是用聚酯树脂为主要成膜物制成的一种厚质漆，漆膜丰满，层厚面硬，是目前应用较广泛的一种漆种。高档家具常用的为不饱和聚酯漆，也就是通称的“钢琴漆”。聚酯漆施工过程中需要进行固化，固化剂的份量占了油漆总份量的 1/3。这些固化剂也称为硬化剂，其主要成分是 TDI（甲苯二异氰酸酯）。这些处于游离状态的 TDI 会变黄，不但使家具漆面变黄，同样也会使邻近的墙面变黄，这是聚酯漆的一大缺点。目前市面上已经出现了耐黄变聚酯漆，但也只能做到“耐黄”而已，还不能做到完全防止变黄的情况。另外，超出标准的游离 TDI 还会对人体造成伤害。

（4）磁漆

磁漆是在油质树脂中加入无机颜料制成的。漆膜坚硬平滑，可以做成各种色泽，附着力强，耐水性耐候性高于清漆而低于调和漆，适用于室内的金属和木材的表面。

硝基漆、聚酯漆、磁漆均多用于木材和金属的表面装饰。

（5）不饱和聚酯钢琴漆

不饱和聚酯钢琴漆即市场上俗称的钢琴漆，它以不饱和聚酯树脂为基础，加入促进剂、引发剂、石蜡液制成。该漆属无溶剂型漆，涂层较厚，光泽性、附着力和耐腐蚀性能优良。

（6）水性木器漆

水性木器漆以丙烯酸、聚氨酯或者丙烯酸与聚氨酯的合成物为主要成分，水做稀释剂。因为以水稀释，所以环保性能比较突出。此外还具有不燃烧、漆膜晶莹透亮、柔韧性好并且耐水、耐黄变性能好的优点。缺点是表面丰满度差，耐磨及抗化学性较差，油污易留痕迹，温度过低或者潮湿气候下不易施工。

（7）地板漆

地板漆是用于建筑物室内地面涂层饰面的地面涂料。采用地板漆饰面造价低，自重轻，维修更新方便且整体性好。

（8）手扫漆

手扫漆属于硝基清漆的一种，是由硝化棉、各种合成树脂、颜料及有机溶剂调制而成的一种非透明漆。此漆专为人工施工而配制，具有快干特征。

（9）原漆

原漆又名铅油，由颜料与干性油混合研磨而成，广泛用于面层的打底，也可单独作为面层涂饰。

5.7.2 常见油漆材料的选购要点

油漆的选择可根据自己的需要进行，例如，要求油漆漆膜光泽均一、漆膜丰满时可以选择聚酯漆；浅色板材则应购买耐黄变系列油漆；地板漆则可购买耐刮划系列油漆；要求绿色环保，则可选择水性环保木器漆，有毒有害物质较少。除此之外，在质量上可具体参看清漆选购章节。

5.8 扇灰及油漆材料常见疑难解析

1. 乳胶漆有毒吗？

乳胶漆基本上无毒。乳胶漆有机物含量低，只有游离分子单体（如各种丙烯酸酯、苯乙烯、醋酸乙烯等）有不同程度的毒性，但其含量在0.1%以下，且这些游离有毒物质挥发很快，施工完一个星期后基本上就挥发得差不多了，不会对人体造成危害。但是市场上还是有一些不法厂商用廉价的水溶性涂料冒充内墙乳胶漆，主要产品有106、107、803内墙涂料，其中107因为含有大量的游离甲醛早已经被国家明令禁止使用。而且这些水性涂料涂层耐水性差，易掉粉、脱落。

2. 外墙乳胶漆和内墙乳胶漆能否混用？

不能混用。外墙乳胶漆在防水性能和防紫外线照射性能上要强于内墙乳胶漆，能够保证长时间日晒雨淋而不变色。所以内墙乳胶漆用于外墙不适合，但如果要把外墙乳胶漆用

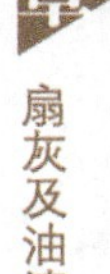

于内墙则没问题。室内墙面如果刷优质乳胶漆，颜色至少可以保持5年不变。之后褪色的话也是均匀褪色。

3. 漆膜表面起泡的原因是什么？

起泡多是和水分过多有关，例如，潮湿高温天气进行油漆施工，油漆吸水使漆中水分含量升高，水分与固化剂发生反应生成二氧化碳气体，气体从涂膜中逸出形成起泡。腻子没有干透或者木材表面水分过多，水分向外蒸发也会形成气泡。

4. 涂料有“香味”？

涂料中的“香味”是生产商通过添加大量香精去除苯等挥发性有机化合物以及重金属，但实际上起不到消除有害物质的作用。因此，有“香味”的涂料一般是环保性能差的涂料，消费者一定要慎重购买。

使用涂料前应打开涂料桶亲自检查一下，如有沉降、结块或严重的分层现象则表明该产品质量较差；闻有臭味或刺激性气味则说明该产品不环保。

5. 如何确定壁纸的用量？

壁纸用量计算公式：用量（卷）= 房间周长 × 房间高度 ×（$100+K$）%，其中 K 为壁纸的损耗率，其值为3% ~ 10%。

购买壁纸之前可估算一下其用量，以便一次性买足同批号的壁纸，减少不必要的麻烦，避免造成浪费。

6. 壁纸中有凸起或气泡怎么解决？

壁纸中有凸起或气泡通常是因为裱糊壁纸时赶压不当造成的，赶压力气小，多余胶液未被赶出，形成胶液；或是未能将壁纸内空气赶净，形成气泡；同时涂刷胶液厚薄不匀和基层不平或不干净都有可能导致这种问题。所以在裱糊施工中必须做到基层平整、干净，涂刷胶液要均匀，赶压壁纸须细致。

7. 壁纸能否和乳胶漆混用？

可以，通常做法是在墙面先贴上较便宜的带有纹路的塑料壁纸，再在壁纸上刷乳胶漆，这样既外表看起来像是乳胶漆，但又带有壁纸细密的纹路。这种做法甚至不少样板房都有采用，这样得出的效果确实与众不同。

思考与练习

1. 如何选购乳胶漆？
2. 如何选购硅藻泥？
3. 如何选购壁纸和壁布？
4. 如何选购清漆？
5. 如何选购油漆材料？

第6章

其他常见软装饰材料

除以上章节介绍的装饰主材和辅材之外，还有一些常见的软装饰材料，如窗帘布艺、装饰饰品、装饰画等，它们对于室内设计而言，是非常有益的补充。将一些造型精美的饰品组合在一起，可以使它们成为视觉焦点的一部分，不但能制造和谐的韵律感，还能给人祥和温馨的感受。植物对于室内而言更为重要，不仅是室内装饰的重要元素，还有净化空气的功效。

6.1 装饰窗帘布艺

窗帘在家居中是必不可少的物品，窗帘不仅可以进行遮光，保护隐私，同时还可以隔音、隔热和美化居室。现代窗帘可以说是将实用性和美观性完美结合的艺术品。

6.1.1 装饰窗帘布艺的主要种类及应用

窗帘种类繁多，大致上可以分为布艺窗帘、卷帘、百叶帘、珠帘、线帘、纱帘、遮光帘、罗马帘、竹帘等。

1. 布艺窗帘

布艺窗帘面料有纯棉、麻、涤纶、真丝等，也可集中各种原料混织而成。棉质面料质地柔软、手感好；麻质面料垂感好、挺直、肌理感强；真丝面料高贵、华丽，它由100%天然蚕丝构成；涤纶面料挺括、色泽鲜明、不褪色、不缩水。布艺窗帘效果如图6-1所示。

图6-1 布艺窗帘效果

2. 卷帘

卷帘是可以卷起来的帘子，具有收放自如的特点。卷帘可分为布艺卷帘、人造纤维卷帘、木制卷帘、竹质卷帘。其中人造纤维卷帘以特殊工艺编织而成的，可以降低强日光辐射，在室内形成漫射效果，在办公空间用得较多，在家居中可以用于书房。卷帘效果如图6-2所示。

图6-2 卷帘效果

3. 百叶帘

一般分为木百叶、铝百叶、竹百叶等。百页帘的最大特点在于光线可以从不同角度得到任意调节，使室内的自然光富有变化。百叶帘效果如图6-3所示。

4. 珠帘、线帘

珠帘和线帘是近年来兴起的一种新产品，珠帘是由玻璃珠或水晶珠串起来的，线帘则是由各种布制品织造成线状。珠帘和线帘的共同特点是它们都是由多根线组合而成的，装饰性很强，在窗帘中属于特殊品种，多用于一些隔断性空间装饰。珠帘效果如图6-4所示。

图6-3 百叶帘效果　　图6-4 珠帘效果

5. 纱帘

纱帘是由薄纱制成的，多是半透明状的，能够起到柔化空间的作用，给人一种若隐若现的朦胧感。在室内使用纱帘可以使得空间感觉非常温馨浪漫，还可以考虑将窗纱与窗帘布合在一起使用，效果更佳。纱帘的面料可分为涤纶、仿真丝、麻或混纺织物等；根据其工艺可分为印花、绣花、提花等。纱帘效果如图 6-5 所示。

图 6-5　纱帘效果

6. 遮光帘

遮光帘的最大作用在于能够反射太阳光，减少阳光对于室内空间的暴晒，其材料多是遮光布，类似于制作雨伞的材料。不少窗帘的背部会缝上一层遮光帘。在一些酷热地区选购窗帘时，最好是选择这种背面带有遮光布的窗帘品种。

7. 罗马帘

罗马帘是当下最畅销的一种窗帘布艺，一般质地的面料都可做罗马帘。它可以是单幅的折叠帘，也可以多幅并挂组成为组合帘。罗马帘是一种上拉式的布艺窗帘，其特色是比传统两边开的布帘简约，而且有扩大室内空间感的作用。当窗帘拉起时，有一折折的层次感，给窗户增添一份美感。在罗马帘背后加上遮光布即可遮挡光线。这种窗帘装饰效果很好，华丽、漂亮、使用简便，但实用性比其他窗帘稍差一些。

8. 竹帘

竹帘给人淳朴典雅的感觉，它能使空间充满书香卷气。其收帘方式可选择折叠式、推拉式或前卷式，而竹帘也可加上不同款式的窗帘来陪衬。大多数的竹帘都会使用防霉剂及清漆处理，所以不必担心发霉虫蛀问题，竹帘便于清洗，不怕洒水和烟头、火柴梗的烫灼，其功能优于布窗帘，它基本不透光但透气性较好，其秀丽的风格是其他窗帘所不能比拟的，适用于纯自然风格的家居中。竹帘的用木很讲究，所以价格偏高。

6.1.2　装饰窗帘布艺的选购要点

1. 设计风格

窗帘是轻装修重装饰风格形成的重要组成元素，在选择时重点要考虑所选窗帘是否和整个居室的设计风格协调。市场窗帘品种和款式众多，很多款外观精美，但不一定适合你的家居空间，在选择时需要从花纹、颜色、材料和款式等方面进行比较，找出最适合自己设计风格的品种。

2. 功能需要

不同材料的窗帘有不同的特点，需要针对其功能性进行选择，例如，书房就可以选择透光性较好的卷帘或百叶帘，在客厅则可以使用一些厚重漂亮的布艺帘。在一些中式和自然主义风格的设计中则可以考虑使用古朴的竹帘。

3. 窗帘轨

窗帘轨是装饰窗帘很重要的一部分，但对它的选择通常会被消费者忽视。目前市场上

出售的窗帘轨多种多样，多为铝合金材料制成，其强度高、硬度好、寿命长。结构上分为单轨和双轨，造型上以全开放式倒“T”形的简易窗轨和内含滑轮的半封闭式窗轨为主。无论何种样式，要保证使用安全、启合便利，关键是看材质的厚薄，包括安装码与滑轮，两端封盖的质量。同时近几年出现了一些新型材料，可以根据实际需求，选择低噪声或无声的窗轨。

6.2 装饰地毯

地毯既具有很高的欣赏价值又具有很强的实用性，它能起到抗风湿、吸音、降噪的作用，使得居室更加宁静、舒适，同时还能隔热保温，降低空调使用的费用。此外，地毯本身具有非常美丽的纹理和质地，装饰性非常好，能够更好地美化居室。因而地毯在室内空间中的应用也越来越广泛，可以在室内大面积地铺设，也可以在沙发和床前局部应用，甚至可以挂在墙上作为装饰品。

6.2.1 装饰地毯的主要种类及选购

1. 主要种类

地毯的种类很多，按制作工艺来分，主要有手工编织和机器编织两种；按编织构造来分，主要有簇绒和圈绒两种；按材料来分，主要有用天然材料毛、麻制成的全毛地毯、剑麻地毯，用人造材料绵纶、丙纶、腈纶、涤纶制成的化纤地毯以及用天然材料和化纤材料混合制成的混纺地毯几大类。

图 6-6　全毛地毯实景效果

（1）纯毛地毯

目前纯毛地毯很多都是以粗绵羊毛为原料，其纤维柔软且富有弹性，织物手感柔和、质地厚实、可以有多种颜色和图案，同时还具有良好的保暖性和隔音性。纯毛地毯的缺点是比较容易吸纳灰尘，而且容易滋生细菌和螨虫，再加上纯毛地毯的日常清洁比较麻烦和高昂的售价，使得纯毛地毯在家装中一般选用小块地毯作为客厅或卧室等的局部铺设，更多的只是应用在一些高档的室内空间，如图 6-6 所示。

（2）化纤地毯

化纤地毯也称合成纤维地毯，是以绵纶、丙纶、腈纶、涤纶等化学纤维为原料，用簇绒法或机织法加工成纤维面层，再与麻布底缝合而成的地毯。绵纶、丙纶、腈纶、涤纶都属于化学纤维，优点是生产加工方便，价格低廉，同时各种内在性能（如耐磨、防燃、防霉、防污、防虫蛀）均非常良好，且能够在光泽和手感方面模仿出天然织物的效果。但其弹性较差，脚感较硬，易吸尘、积尘。化纤地毯价格较低，能为大多数消费者采用。

（3）混纺地毯

混纺地毯结合了纯毛地毯和化纤地毯的优点，在纯毛地毯纤维中加入一定比例的化学纤维。在纯毛中加入一定的化学纤维成分具有加强地毯物理性能的作用，同时因为混入了一定比例的廉价化学纤维，还能使得地毯的造价变得更加低廉。例如，在纯毛地毯中加入20%的尼龙纤维，其耐磨性比纯毛地毯要提高五倍。

（4）橡胶地毯

橡胶地毯是以天然或合成橡胶配以各种化工原料制作的卷状地毯。橡胶地毯价格低廉，弹性好、耐水、防滑、易清洗，同时也有各种颜色和图案可供选择，适用于卫生间、游泳池、计算机房、防滑走道等环境。在一般的室内应用较少，属于比较低档的地毯种类。

（5）剑麻地毯

剑麻地毯以剑麻纤维为原料，经纺纱、编织、涂胶、硫化等工序制成。幅宽4m以下，卷长50m以下，可按需要裁切。产品分素色和染色两种，有斜纹、鱼骨纹、帆布平纹、多米诺纹等多种花色。其价格比纯毛地毯低，具有抗压、耐磨、耐酸碱、无静电等优点，美中不足的是其弹性较差。

剑麻地毯属于地毯中的绿色产品，可用清水直接冲刷，其污渍很容易清除；还具有耐腐蚀、耐酸碱等特性，例如，当烟头类火种落下时，不会因燃烧而形成明显痕迹；此外，剑麻地毯不会释放化学成分，能长期散发出天然植物的清香。如赤足走在上面，还有舒筋活血的功效。剑麻地毯使用寿命相对较长。目前这类地毯售价较高，但仍然受很多消费者青睐。

2. 选购要点

（1）鉴定材质

市场上有不少仿制纯天然动物皮毛的化学纤维地毯，这之间的区别就类同于真皮沙发和人造革沙发的感觉。要鉴别是不是纯天然的动物皮毛的方法很简单，购买时可以在地毯上扯几根绒毛点燃，纯毛燃烧时无火焰，冒烟，有臭味，灰烬多呈有光泽的黑色固体状。

（2）色彩牢度

选择地毯时，可用手或试布在毯面上反复摩擦数次，看其手或试布上是否黏有颜色，如黏有颜色，则说明该产品的色牢度不佳。在铺设使用中，若地毯易出现变色和掉色，会影响其在整个室内空间的美观效果。

（3）密度和弹性

密度越高，弹性越好，地毯的质量也就相对越好。检查地毯的密度和弹性，可以用手指用力按在地毯上，松开手指后地毯能够迅速恢复原状，表明织物的密度和弹性都较好；也可以把地毯正面折弯，越难看见底垫的地毯，表示毛绒织得越密，也就越耐用。

（4）防污能力

一般而言，素色和没有图案的地毯较易显露污渍和脚印。所以在一些公共空间尽量选用经过防污处理的深色地毯，以方便清洁。

6.2.2 装饰地毯设计应用实例分析

图 6-7 化纤地毯实景效果

化纤地毯外观与手感类似羊毛地毯，耐磨而富有弹性，具有防污、防虫蛀等特点，价格低于其他材质地毯。化纤地毯的缺点是弹性相对较差，脚感不是很好，同时也有易产生静电和易吸纳灰尘的问题。化纤地毯多用于一些办公空间中，其实景效果如图 6-7 所示。

混纺地毯在图案、质地、脚感等方面与纯毛地毯差别不大，但相比纯毛地毯其耐磨性和防燃、防霉、防污、防虫蛀性能均有大幅提高，因而在市场上越来越受欢迎，其实景效果如图 6-8 所示。

图 6-8 混纺地毯满铺及局部应用效果

6.2.3 装饰地毯的保养

（1）避光

应尽量避免强烈的阳光直射，以免地毯过早老化褪色。

（2）通风、防潮

有地毯的房间应注意日常的通风、防潮，以免地毯发生虫蛀和霉变，尤其是纯毛地毯，极易滋生细菌和螨虫，一旦发现类似情况，应立即请专业人员进行修复。

（3）防污、除尘

尽量避免地毯沾染油污、酸性物质、茶水等有色液体，如不慎倒在地毯上，应立即用专门的地毯清洗膏擦除。地毯相对于其他地面材料更易积聚灰尘，日常清洁时应经常用吸尘器沿着顺毛方向清洁，以免损坏地毯面层。

（4）防变形

如果地毯出现倒毛，用毛巾浸湿热水后顺毛方向擦拭，再用熨斗垫湿布顺毛方向熨烫，可一定程度恢复原状；如果在地毯上放置较重的家具时，应在家具的腿部与地毯相接处，放置垫层进行防变形的保护。

6.3 装饰品及植物

室内装饰品对于一个室内设计而言，是非常有益的补充。将一些造型精美的饰品组合在一起，可以使它们成为视觉焦点的一部分，不但能制造和谐的韵律感，还能给人祥和温馨的感受。植物对于室内而言更为重要，不仅是室内装饰的重要元素，还有净化空气的功效。

6.3.1 装饰品的主要种类及应用

1. 装饰画

按照工艺的不同，装饰画大致可以分为三类：一类是占市场主流的印刷品装饰画，另一类是实物装裱装饰画，第三类是手绘作品装饰画。手绘装饰画为画师纯手工绘制，艺术价值较高，因而价格也高，尤其是名家的更具有收藏价值，如各类风格的油画和中国水墨画等；实物性装饰画是一种比较新的画种，它以一些实物作为装裱内容，如以中国传统刀币、玉器或瓷器装裱而成；印刷品装饰画则是装饰画市场的主流产品，大多数是将各类艺术性很高的图片喷绘打印而成的。目前市场上最流行的就是无框装饰画，从画种上看，传统的油画、国画占据一定的市场份额，但是随着现代简约装修风格的兴起，现代风格的抽象、艺术画面也日趋盛行，如图 6-9 所示。

图 6-9 无框装饰画样图

此外，除了平面的画面，现在市场上也出现了多种具有立体效果的画种，其中以陶瓷薄板画最为突出。陶瓷薄板厚度小于 5.5mm，被大量应用于装饰画的制作，孚祥、甲骨文等国内品牌背景墙厂家将背景墙生产技术延伸入薄板装饰画制作中，开发出了薄板雕刻装饰画，除了具有传统装饰画画面逼真的特点外，还可以在陶瓷薄板上进行雕刻，形成画面的凹凸层次，一举突破传统装饰画平面画面的特点，具备多层次立体感，实现了装饰画画面从二维平面到三维立体的突破，整体效果高端大气，且耐用性极强，可水洗，长时间使用也不会褪色，如图 6-10 所示。

图 6-10 3mm 薄板雕刻装饰画效果

在室内设计中，装饰画其实完全可以担当起设计的“点睛之笔”，使整个空间充满灵性。装饰画作为室内装饰的重要构成元素出现，通常会以整体的风格作为参照，更多考虑的是形象、色彩、构图和室内环境的协调与统一，强调与整体呼应的和谐美，如同交响乐中的伴奏与主旋律的完美结合。特别需要强调的是选择装饰画画面时应尽量避免选择一些未经艺术化处理的实景照片，如客厅选用风景图片，餐厅选用食品图片等。这种实景照片制作的装饰画，尤其是印刷品类别的装饰画不仅不能起到“画龙点睛”的作用，有时还会给人以一种非常低档和庸俗的感觉。选择装饰画最重要的是强调画面的艺术性，即使是实景照片也大多需要进行艺术化的处理。目前一些抽象的，甚至是设计中的平面构成、色彩构成也被大量地应用到装饰画中，这些灵动的、充满韵味的画面才能真正起到美化居室的目的。

2. 装饰品

除了装饰画，装饰品也是室内装饰的一个重要组成部分。饰品种类繁多，各类摆件、挂件、餐桌用品、床上用品都可以归为装饰品的范畴。

装饰品的种类多不胜数，常见的有陶瓷制品、树脂制品、根雕、木雕、玉雕、玻璃器皿等。实际上一些造型独特的、具有观赏价值的物品也可以算作装饰品。如一个造型漂亮的烟灰缸、一个造型独特的挂钟、一个装饰性很强的屏风等，如图 6-11 所示。

图 6-11　各类装饰品

6.3.2　装饰植物的主要种类及应用

当前室内设计的一个重要发展趋势就是追求贴近自然，将自然景观引入室内，形成人与自然的和谐。室内摆放些绿色植物可以给人一种生机勃勃、自然和谐的感觉。而且植物不仅仅可以美化室内，不少植物本身还能够吸取各类有害有毒物质，同时能够起到净化室内空气的作用。

贴近自然一直以来都是人们的一种美好愿望，中国古代的城市园林就很能说明这点。在明清时期的繁华城市苏州、杭州等地出现了大量仿自然山水的私家园林。这就是人们对于自然向往的一种表现。现代社会生活水平提高，这种愿望也更加迫切。如何将自然引入室内，使得室内充满绿色也成为了当今室内设计的一个重要趋势。围绕这个趋势，各种各样的创新设计也层出不穷，如图 6-12 所示。

图 6-12　将自然引入室内

将自然引入室内的最简单的方法之一就是在室内摆放各类植物和花卉，植物花卉种类很多，有些适合用于室内，有些却不是那么适合。中国室内装饰协会室内环境监测中心提出以下九种常见植物花卉不适合长期摆放于室内。

① 兰花：它的香味会令人过度兴奋，容易引起失眠。

② 紫荆花：它的花粉与人接触过久，会诱发哮喘和咳嗽。

③ 含羞草：它体内有一种碱，人体接触过多会使得毛发脱落。

④ 月季花：它散发的浓郁香味会使部分人感觉不适，憋气、胸闷。

⑤ 百合花：其香味会使得人体中枢神经兴奋，容易引起失眠。

⑥ 夜来香：晚上时会散发出大量刺激嗅觉的微粒，闻的时间长了，会使高血压和心脏病患者感觉头晕目眩，胸闷不适，加重病情。

⑦ 夹竹桃：它能够分泌一种乳白色液体，接触时间长，会使人昏昏欲睡，智力下降。

⑧ 郁金香：它的花朵含有一种毒碱，接触过多会使毛发脱落。

⑨ 洋绣球花：它散发的微粒会使得皮肤过敏引发瘙痒症状。

需要注意的是以上这些品种的植物花卉并不是对每个人都具有同样的作用，比如月季花，有些人会对其香味比较敏感，有些人则无任何不良反应。

当然，也有比较适合摆放于室内的植物，不少植物花卉不仅外表漂亮，而且是甲醛、氡等装修释放出来的有害物质的克星。同时植物还具有吸收二氧化碳，释放氧气，优化室内空气质量的作用。在室内摆上几盆这样的植物不仅可以美化环境，还能吸收那些对人体有害的物质，净化空气，一举多得。

植物对于有毒物质的吸收能力惊人。24h 内，芦荟可以吸收 $1m^3$ 空气内 90% 的醛，常春藤能够消灭 90% 的苯，垂挂兰能够吸收 95% 的一氧化碳。因而在室内多摆放一些有益身心的植物是非常必要的。具有净化空气功能的常见植物花卉如下。

① 芦荟、吊兰、虎尾兰：它们能够吸取甲醛。其中吊兰不光能吸取甲醛，其本身还能排放出杀菌素，可以杀灭室内多种病菌。

② 含烟草、鸡冠花：它们能够吸收天然石材中带有的放射性物质，如铀等。

③ 常青藤、蔷薇、万年青：它们能够有效清除室内油漆及涂料释放出来的三氯乙烯、苯、氟化氢、乙醚等各类有害物质。

④ 天门冬、仙人掌：它们能够杀死各类病菌。除了杀菌外，其中天门冬还能够清除重金属微粒，而仙人掌还有个特别的优点：大多数植物都是白天吸收二氧化碳，释放氧气。仙人掌却是晚上吸收二氧化碳，释放氧气，这对于晚上睡眠时空气质量的改善大有益处。

⑤ 常春藤、无花果、腊梅、花叶芋、红背桂：它们能够杀灭室内细菌，而且其纤毛能截留并吸滞空气中飘浮的微粒及烟尘。

⑥ 柑橘、迷迭香：它们对于室内的细菌和微生物有很强的杀伤力。

⑦ 柏木、侧柏和柳杉：人在窒闷的房间里会感觉憋闷，不是因为室内氧气不足，而是负氧离子奇缺。当室内有电视机或电脑开动的时候，负氧离子会迅速减少。柏木、侧柏和

柳杉则可以在室内产生负氧离子。

⑧ 玫瑰、桂花、紫罗兰、茉莉、柠檬、石竹、铃兰、紫薇等芳香花卉产生的挥发性油类具有显著的杀菌作用。

除此之外，还有不少植物花卉同样能够优化空气的质量，因为和以上所介绍的植物花卉功能重合，这里就不一一介绍了。

6.3.3 装饰品及植物的选购要点

1. 装饰品

（1）装饰画

选择装饰画可以参照室内设计风格，中式风格可以选择中国传统写意山水，而一些欧式风格的室内则可以选择欧式油画，静物或人物等。现代风格室内可以选择的范围更广，各类风格画面均可采用。但实际上选择装饰画不能局限在这种固定模式上，例如，欧式风格油画现在也很多采用抽象画的形式，实际上的装饰效果比传统油画形式更佳，所以，选择装饰画最重要的还是画面的艺术性，当然还需要同时考虑该画面色调是否和室内空间协调，如图 6-13 所示。

图 6-13　与居室的协调

购买装饰画可以去建材超市或专门性的画廊，也可以直接在网上购买。实际上国内不少装饰画厂家都在淘宝等网上设有专卖店，价格比在商店购买低了很多。

当然，装饰画还讲究个性化效果，可以请专业厂家提供个性化服务，如卧室就可以采用自己的结婚照生产出装饰画，那样可以使得居室显得更加与众不同。

（2）装饰品

装饰品和装饰画一样，对于室内装饰而言是个很不错的补充。选购装饰品时需要重点考虑的是装饰品和整体室内风格相协调。除此之外，还需要注意室内装饰品并不是越多越好，太多的装饰品堆砌只会使得空间感觉凌乱琐碎。装饰品的摆放贵精不贵多，廖廖几件起到一个传神的作用即可。目前装饰品的发展趋势是将实用性和装饰性相结合，实际上不少具有实际用途的物品也非常讲究其艺术性，既具有实用性，又很美观，如图 6-14 所示。

图 6-14　实用性和艺术性相结合

（3）装饰植物

植物可以使室内绿意盎然，生机勃勃，是室内装饰中的一个重要装饰手段。小型植物可以点缀室内，大型植物还可以起到划分空间的作用。植物装饰效果如图 6-15 所示。

如果每 $15m^2$ 的室内空间中有一两种抗污染的植物，会大大利于空气的净化。当然室内植物并非越多越好，$15m^2$ 左右的居屋，只宜放两盆中型或大型植物，而小型植物可以放三四盆。

图 6-15　植物装饰效果

6.4　软装饰材料常见疑难解析

1. 窗帘杆用双轨好还是单轨好？

双轨窗帘是外侧的使用纱布窗帘，以便白天拉上时不影响室内的采光，同时又能够使室内变得更私密些。白天窗外比室内光亮，纱窗帘不影响室内人观看外部的景象，但却遮蔽了室外人窥看到室内的可能。夜里当室内开灯时，再拉上内侧厚窗帘，由于室内比外部更光亮时，必须拉拢厚窗帘以保持室内的私密性。

单轨窗帘就缺少这样的可以灵活更换的功能。只装纱窗帘时晚上使用失去室内私密性的保障；只装厚窗帘时白天拉窗帘既影响采光又阻断了室内人观看外部景象的可能，可是不拉上又把室内景象暴露在外部视线之下，有时是遭忌讳的。因此双轨窗帘较好。

2. 地毯表面为何会有一层薄薄的浮毛？

地毯在使用的时候，有时候会发现地毯表面有一层薄薄的“浮毛”，或者地毯的毛长短不一，有人就会以为是地毯掉毛。其实不然，产生“浮毛”是短纤维羊毛地毯常见的情况，而地毯毛长短不一的现象，只要用手向同一方向将毛抹顺即可。千万别以为是掉毛而盲目更换地毯。

思考与练习

1. 如何选购窗帘布艺？
2. 如何选购地毯？地毯应如何保养？
3. 如何选购装饰植物？

参考文献

1. 张绮曼，郑曙旸. 室内设计资料集. 北京：中国建筑工业出版社，1991
2. 田原，杨冬丹. 装饰材料设计与应用. 北京：中国建筑工业出版社，2006
3. 王勇. 室内装饰材料与应用. 北京：中国建筑工业出版社，2006
4. 曾昭远. 装修完全手册. 家居篇. 深圳：深圳海天出版社，2003
5. 理想宅. 这样装修不被坑——装修材料大盘点. 北京：人民邮电出版社，2014
6. 理想宅. 这样装修不被坑——装修费用大盘点. 北京：人民邮电出版社，2014
7. 理想宅. 这样装修不被坑——装修质量问题大盘点. 北京：人民邮电出版社，2014
8. 张峰. 室内装饰材料应用与施工. 北京：中国电力出版社，2009